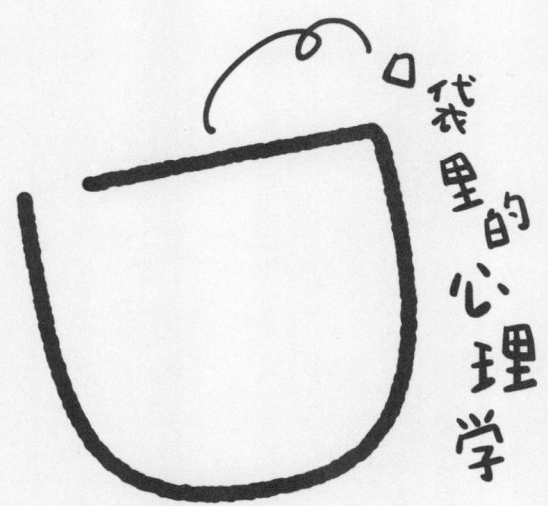

口袋里的心理学

木子林夕 编

天津出版传媒集团

天津人民出版社

图书在版编目（CIP）数据

口袋里的心理学 / 李梦瑶编著. -- 天津：天津人民出版社, 2024.5
ISBN 978-7-201-20300-3

Ⅰ.①口… Ⅱ.①李… Ⅲ.①心理学－通俗读物 Ⅳ.①B84-49

中国国家版本馆CIP数据核字(2024)第075067号

口袋里的心理学
KOUDAI LI DE XINLIXUE

李梦瑶 编著

出　　版	天津人民出版社
出 版 人	刘锦泉
地　　址	天津市和平区西康路35号康岳大厦
邮政编码	300051
邮购电话	（022）23332459
电子信箱	reader@tjrmcbs.com

责任编辑	玮丽斯
监　　制	黄利　万夏
营销支持	曹莉丽
特约编辑	曹莉丽　隗梦頔
装帧设计	紫图装帧

制版印刷	艺堂印刷（天津）有限公司
经　　销	新华书店
开　　本	880毫米×1230毫米　1/32
印　　张	8.25
字　　数	90千字
版次印次	2024年5月第1版　2024年5月第1次印刷
定　　价	59.90元

版权所有　侵权必究
图书如出现印装质量问题，请致电联系调换（022-23332459）

100个一点就透、
一用就灵的心理学效应

目录

CHAPTER 1 对不起,我真的有上班综合征

001　鳄鱼效应 —— 002

002　鲨鱼效应 —— 005

003　老鹰效应 —— 008

004　250定律 —— 011

005　蟑螂效应 —— 013

006　社会惰化效应 —— 016

007　鸵鸟效应 —— 019

008　恶魔效应 —— 021

009 　三明治效应 —— 024

010 　手表效应 —— 026

011 　内卷化效应 —— 028

012 　同体效应 —— 032

013 　狮羊效应 —— 034

014 　酒与污水效应 —— 037

015 　冰激凌效应 —— 039

016 　杜根定律 —— 042

017 　拆屋效应 —— 044

018 　齐加尼克效应 —— 046

019 　月曜效应 —— 048

020 　酝酿效应 —— 050

021 　系列位置效应 —— 052

022 　鲇鱼效应 —— 054

023 　安泰效应 —— 056

024 　帕金森定律 —— 058

025 　紫格尼克效应 —— 060

CHAPTER 2

从来没有
白忙一场的学习

026 荷花效应 —— 064
027 马太效应 —— 067
028 潘多拉效应 —— 070
029 灰犀牛效应 —— 073
030 拍球效应 —— 076
031 补偿心理 —— 079
032 延迟满足效应 —— 081
033 木桶效应 —— 083
034 赫洛克效应 —— 085

- 035 德西效应 —— 087
- 036 彼得效应 —— 090
- 037 通感效应 —— 093
- 038 苏东坡效应 —— 095
- 039 瓦拉赫效应 —— 098
- 040 乌鸦定律 —— 100
- 041 蜜蜂效应 —— 103
- 042 毛毛虫效应 —— 106
- 043 跳蚤效应 —— 108
- 044 瓜子理论 —— 111
- 045 尖毛草效应 —— 114
- 046 贝尔纳效应 —— 116
- 047 贝尔效应 —— 118
- 048 蝴蝶效应 —— 120
- 049 高原效应 —— 123
- 050 认知地图效应 —— 125

CHAPTER 3

事与愿违
不过是生活的常态

051　视网膜效应 —— 130

052　逆火效应 —— 132

053　黑天鹅效应 —— 134

054　黑羊效应 —— 136

055　责任分散效应 —— 139

056　闭门羹效应 —— 141

057　鸟笼效应 —— 143

058　破窗效应 —— 146

059　杜利奥效应 —— 149

060　巴纳姆效应 —— 152

061　诱饵效应 —— 154

062　二八定律 —— 156

063　波纹效应 —— 158

064　食盐效应 —— 160

065　墨菲定律 —— 162

066　泡菜效应 —— 164

067　摩西奶奶效应 —— 166

068　武器效应 —— 168

069　酸葡萄效应 —— 170

070　甜柠檬效应 —— 172

071　棘轮效应 —— 174

072　布里丹毛驴效应 —— 176

073　火鸡效应 —— 178

074　韦奇定律 —— 181

075　乐队花车效应 —— 184

CHAPTER 4 焦虑是自由引起的眩晕

076	野马效应	188
077	避雷针效应	191
078	反刍思维	193
079	刻板效应	196
080	旅鼠效应	199
081	白熊效应	202
082	情绪效应	204
083	漩涡效应	206
084	青蛙效应	208
085	吊桥效应	210

086 暗示效应 —— 213

087 约翰逊效应 —— 216

088 不值得定律 —— 218

089 皮格马利翁效应 —— 221

090 踢猫效应 —— 223

091 感觉剥夺效应 —— 226

092 黑暗效应 —— 228

093 瓦伦达效应 —— 230

094 睡眠效应 —— 232

095 淬火效应 —— 234

096 定势效应 —— 236

097 罗密欧与朱丽叶效应 —— 238

098 金鱼缸效应 —— 240

099 海格力斯效应 —— 243

100 空船效应 —— 245

———— 吉尼斯世界纪录 ————

我们
正式宣布，
周一为一周
最糟糕的
一天。

CHAPTER 1

对不起，
真的有上班综合征

逃避现实

艰难早起

摸鱼摆烂

001

鳄鱼效应

鳄鱼效应是经济学中的术语，指的是当你被鳄鱼咬住了一只脚，假如你回头，试图用手去帮助脚挣脱出来，最终不仅保不住脚，手也会被一同咬住，甚至整个人落入鳄鱼的口中，成为它的大餐。

其实，鳄鱼效应说的就是及时止损，这是投资界中最基本、最简单的法则之一，但同时也是最难做到的。在证券交易中，一旦出现亏损就必须痛下决心，及时调整仓位或抽离，防止出现更大损失或被套牢。

虽然这个词来源于风险市场，但适用于生活中的方方面面。

如果现在的工作并不能为你带来多少快乐和期待，让你感觉到疲惫和难以应对，并且造成严重的精神内耗，也许是时候放下一些包袱或说再见了。不然在这段无望的职场生涯里，付出越多，就越难抽离。

耗费的时间太久，付出的成本与得到的回报不成正比，就会令人心生不甘。放弃局部利益来保全整体利益，放弃少量利益来获取更大利益，是职场的必修课，这让我们可以放下包袱，轻装前行。

在情感问题中，虎怒决蹯的道理同样适用。老虎不小心被猎人布下的捕兽夹夹住后，为了不被捉住，会忍痛咬断自己的腿逃生。老虎在遇到危险的时候都可以虎怒决蹯，我们何不学着及时止损？虽然这确实是个难以抉择的残酷选择题。

小贴士

人生本就是不断犯错、不断选择的过程，就如《末日孤舰》中的汤姆·钱德勒舰长说的那样："老天爷知道我曾犯过错，但也从未在正确的选项前犹豫过。"假如真的走错了路，及时掉头就是前进。

002

鲨鱼效应

在海洋中生活的鱼类，凭借着鱼鳔在大海中自由沉浮，当鱼鳔内充满空气的时候鱼儿就上浮，释放空气的时候鱼儿就下沉。可鲨鱼没有鱼鳔，却能长时间浮在海水中不沉下去，这是为什么？

原来，没有鱼鳔的鲨鱼为了避免沉下去，只能不停地游动，而长时间的运动令它越来越强壮，身体越来越大，久而久之自身密度出现变化，便能浮在海水中了。

本来，鲨鱼不停地游动是为了保持浮在海水中不沉下去，但是一不小心游出了庞大的体格，还获得了"海洋霸主"的称号。这是一个

"把老天爷给的一副废牌,打出了王炸效果"的典型案例。

鲨鱼都在努力,我们还有什么理由偷懒呢?

一个朋友毕业后去参加当地电视台的公开考试,成为一名记者。每次连线播报时,她那一口带着乡音的普通话总是惹得观众发笑,还经常被投诉。后来,她痛定思痛,坚持练习普通话,最终通过了普通话水平测试,还成功转职成了台里的节目主持人。这再次验证了鲨鱼效应:只要肯坚持,就一定有收获。

小贴士

在职场中,老板通常不会嫌弃员工笨,只怕员工懒。天资虽低,但只要勤奋好学,坚持努力,一定可以赶上其他人,说不定还能有意外收获。

学会变劣势为优势

003

老鹰效应

老鹰是自然界的教育学家，它们的教育方式独树一帜，常常被有些父母所崇拜并进行模仿。有学者甚至认为，老鹰之所以这么强壮，就得益于它们自幼接受的特殊的教育方式。

鹰爸、鹰妈的特殊教育体现在小鹰们成长的方方面面，包括喂食。老鹰一次可以孵化好几只小鹰，但是觅食时却只抓来一只小鹰所需的食物。巢里的小鹰要想吃到食物，就得拼命表现自己，与其他小鹰争抢，往往争得最凶的那一只才能得到食物，剩下的几只小鹰就只能饿肚子。为了不饿肚子，小鹰们自幼就学会了表现自己，做最好的那一只。

争或不争,一直有争议。许多人认为"争"是负面词语,"不争"是良好品格,所以都以"不争"为荣。

如果你没有实现经济自由、梦想自由,还需要在这个社会上讨生活,"争"就是你的必备技能;如果你需要服从这个社会的丛林法则才能获得想要的东西,"争"就是你的武器和护身符;如果你需要"争"才能保全自己,那不如为自己"争"一回。

当然,所有"争"都是针对自己应得的合法权益而言的。

人在职场,不争和躺平基本就是一个意思,是对自己的不负责任,也是对公司的不负责任。职场不需要淡泊名利、安稳度日的人,不进则退,低调隐藏即是放弃。

小贴士

适当地崭露头角,争取自己的合法权益,既是责任,也是义务,发光要趁早,出头要主动。抢占先机,后面做事就会越来越容易。

004

250 定律

顾客就是上帝，且有很多朋友

这个理论是由美国著名推销员乔·吉拉德在工作中总结出来的。他认为每一个顾客身后，大约有 250 个潜在顾客。如果你能得到一个顾客的认可，就能得到他身后 250 个亲朋好友的认可。反之，如果你得罪了一个顾客，也同样会得罪 250 个潜在顾客。

这个效应旨在提醒我们，必须重视每一个顾客，赢得良好的口碑。否则，失去的可不仅仅是一个顾客。这个效应被广泛运用在商业领域，特别是销售行业中。

我在报社上班时，采访结束后没地方可去，常常会去附近的商场闲逛。有一次，我在市中心一家商场的高档女装店里看中了一条连衣裙。当我正准备上手感受一下材质时,就听见一个导购员大声呵斥道:"我们的衣服很贵,别摸坏了。"

我并未在意,仍有礼貌地问:"有我穿的号码吗,能否试一下?"

导购员却翻了个白眼,说:"你那么胖,别把我们的衣服撑坏了。"

其实,当时的我并没有很胖,只是天生骨架较大,个头儿也比较高。可听到她这么说,我顿时没有了买衣服的心情,转身离去。

要知道,那时候我们记者、编辑都是在同一个采编大厅里工作的,有什么八卦都会一起分享,于是这家店在我们报社就出名了。很快,整个城市"四台两报"的记者、编辑都知道有这样一家歧视微胖顾客的店了。

小贴士

如果说一个顾客身后有 250 个亲朋好友,那么一个女顾客身后,至少有 2500 个潜在顾客。

005

蟑螂效应

负面能量传播起来往往更快

蟑螂之害令人深恶痛绝，但几千年来都无法彻底解决，这主要是因为它们繁殖快且有超强耐药性。终于到了20世纪，德国的一家公司发明了一种蟑螂药，可以让蟑螂中毒死亡，又利用蟑螂蚕食同伴尸体的特点，使毒性在蟑螂群中传播开来。这便是蟑螂效应的由来。

蟑螂效应是非常可怕的，因为一粒老鼠屎只会坏一锅汤，但是一只死蟑螂却可以污染整个大环境。

这也是职场中常见的怪现象。负面信息往往不仅传播速度快，容易让人相信，而且无论怎么努力，都无法使这种现象消失。许多管理者在日常工作中常抱有侥幸心理，认为在自己科学严谨的管理下，不会出现蟑螂效应，也常常误以为自己的团队一片祥和，没有任何问题，但其实这只是平静的假象罢了。

管理者和员工们所看到的日常是完全不同的。那么，在日常管理中，要如何遏制蟑螂效应呢？

首先，在公司创立之初就要确定积极向上、

文明和谐的企业文化和愿景，制定严格且科学的管理制度及相应的奖惩措施，并坚定不移地执行。其次，管理者应该具备高素质、高品格、正直公正且充满正向能量，能够带动团队，影响团队。最后，一旦发现蟑螂效应，要积极应对，用公开、公正、公平的方式予以解决。

 **小贴士**

　　生活在阴暗潮湿的角落里的蟑螂最怕见光，所以将一切置于阳光之下就是遏制蟑螂效应最有效的方法。

006
社会惰化效应

法国工程师林格曼在拔河实验中发现了一个有趣的定律，即在团体协作中，参与的人越多，成员的平均贡献率越低。

这种现象被称为社会惰化效应。人都有惰性，聚集在一起后，就会形成社会惰化效应，体现为集体停滞不前、保守闭塞、推脱消极等。换句话说就是，一个和尚挑水喝，两个和尚抬水喝，三个和尚没水喝。

在创业之前，我曾参加过一场糟糕的活动。这场活动从一开始就有一个弊端，老板没有明确负责人和执行人，只让两名员工一起准备内部事宜和外部事宜。甚至在一开始，这两名员工都以为自己是这场活动的唯一负责人，到达现场后才发现对方的存在，因为前期没有协调好，导致现场调度十分混乱。于是，又出现了两个人都否认自己是这场活动的负责人的现象。无奈之下，其中一名员工主动挑起大梁，以负责人的身份出面管理混乱的现场，直到活动结束。最终，这名负责人承担了活动开展不力的所有后果，以愤而离职收场。

其实，这件事情的主要责任在于管理层。管理层不仅管理失误，还在有人愿意负责的时候采取了错误的惩戒方式，最终失去了一名有担当的好员工。

明确职责及责任的重要性

一般企业成熟后，都会设置专业的管理层次及梯队，划分相应的岗位职责范围、规范标准和责任制度，以此作为员工日常工作的准则。如果没有，企业会陷入混乱，员工无法明确自己的工作范围，导致的结果就是出了问题相互推诿。

在工作中，哪怕只是一次小小的年会活动，也应在项目策划案中写上责任小组的明确分工，包括总负责人、执行人、监督人和各小组成员，以及各自的职责范围和时间期限，并公示有针对性的奖惩措施。

小贴士

将责任明确地落实到个人，可以有效避免出现社会惰化效应。一切有理可依，有据可查，才会公平公正，不受社会惰化效应的影响。

007

鸵鸟效应

做人不要太"鸵鸟"

鸵鸟是世界上最大的一种鸟类，有两条超级大长腿，能跑得过它的动物极少。但是遇到危险时，鸵鸟既不利用体形优势反击，也不迈开长腿逃跑，反而立刻停下来，将头就地埋进土里，以为自己看不见敌人，敌人也就看不见它了，这种掩耳盗铃的做法实在让人觉得好笑。

每家企业都会有像鸵鸟一样的员工，他们信奉"不做不错，少做少错，多做多错"的原则。开会的时候，上级一下发任务，他们就瞬间低头藏进人群里，而到了庆功的时候，他们往往跑得特别快，争得特别响。

更糟糕的是，鸵鸟效应往往是会传染的。当有人看见别人这样做了，不光能保全自己，还能争得功劳时，一定会抢着去做鸵鸟。

小贴士

在工作中，能够获得成功的一定是不愿意做鸵鸟的那群人。谨记责任感，是一件了不起的事。

008

恶魔效应

光环效应是指如果你认同一个人的某个方面，那么看他整个人都会顺眼，就像这个人自带光环一样。而与之相对的恶魔效应指的是，如果你看一个人某个地方不顺眼，对他有了偏见，就会觉得他做什么都是错的。

这两种效应其实都是不成熟的表现。人是复杂的生物，我们不能凭一点而定全盘，就算看到了全部，也不能轻易为一个人定性，因为人还有内外之分，行为可见，心思难测。

在职场中，光环效应和恶魔效应都是常见的，虽然人力资源管理有严格的选拔、培养和使用标准，但是在实践中，人事及管理者的个

偏见源自人心，
传染眼睛和嘴巴

人好恶却占极大比重。

恶魔效应往往有双面作用,当你以恶魔效应对待他人的时候,他人也会以恶魔效应对待你。在企业中,管理者单凭自己的好恶来评判员工,那么气量小、格局小的名声很快就会被传开,他人也会因此而片面地否定这位管理者的全部。

 小贴士

无论是管理者还是普通员工,在工作中警惕并遏制恶魔效应是最基本的职业素养,也是性格成熟的表现。

009

三明治效应

如何高情商地批评人

批评人是门大学问，有专门的心理学理论证实最科学的批评法是三明治效应，即先表扬和肯定，再提建议和意见，最后表达鼓励和期许。这样既提出了批评，又不得罪人，还能在不伤害其自尊心的情况下让对方心甘情愿地改正错误。

在职场中，三明治效应的运用最为广泛，比起简单粗暴的批评，成熟的职场人更愿意选择三明治批评法。小何是部门主管，业绩极佳，但因对待下属的方式过于简单粗暴，经常被员工投诉。作为直属领导，该如何利用三明治效应来跟小何谈这件事呢？

表扬优点

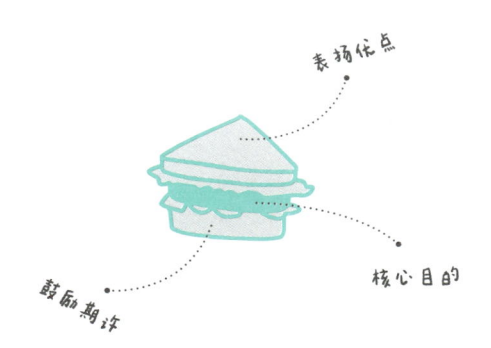

核心目的

鼓励期许

首先，认可她的业务能力，表扬她的优点；其次，以就事论事的态度阐述她的问题，表达自己的观点，提出意见、建议和具体的改进方法；最后，表达安慰和理解，表示对她的信任与支持，承诺帮助并提出鼓励和期许。

这就是三明治效应的实际应用方式，中间层才是核心目的，但前后两层同样必不可少。

小贴士

三明治效应不只可以应用在职场中，也同样适用于教育孩子等生活的其他方面。

010

手表效应

森林里生活着一群小动物,有一天猴子捡到了一块手表,很多小动物都来找它看时间,于是它成了森林里的明星。它很享受这种被大家追捧的感觉,便四处寻找更多的手表。可是当猴子捡到了第二块手表、第三块手表的时候,它开始变得犹豫和纠结。因为这三块手表的时间完全不一样,它根本不知道到底哪块手表上的时间才是准确的。

在企业管理中,手表效应格外重要,正常人都知道不要同时戴两块表,同样,企业也不能制定两种不同的制度与标准。假如管理者制定了两套矛盾的制度与标准,却要求员工都遵守,就会让员工陷入混乱,失去对企业的信任。

在家庭教育中也是一样,在父母任何一方教育孩子时,其他人都不要插手。此时如果有第二个声音出现,容易使教育的效果相互抵消,无法达到正向教育孩子的目的。

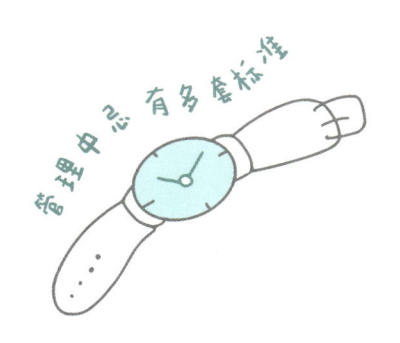

管理中忌有多套标准

小贴士

当你拥有一块手表时,它可以帮你更准确地判断时间。可当你拥有多块手表时,它们不仅不能帮你判断时间,还会造成混乱。

011

内卷化效应

克利福德·格尔茨是美国人类文化学家,他曾在 20 世纪 60 年代到爪哇岛生活过一段时间。他发现当地农民一直重复着原始的耕种劳动,没有改善和进步,于是将这种现象称之为"内卷化"。内卷化效应就是指长期从事某一方面的重复性工作且水平稳定,没有突破与发展,对即将到来的变化没有任何准备,缺乏应变能力。

关于内卷化效应,有这样一个很好的例子:

记者采访某地一个放羊的男孩,问:"你为什么要放羊?"

男孩答:"为了卖钱。"

记者又问:"卖了钱做什么?"

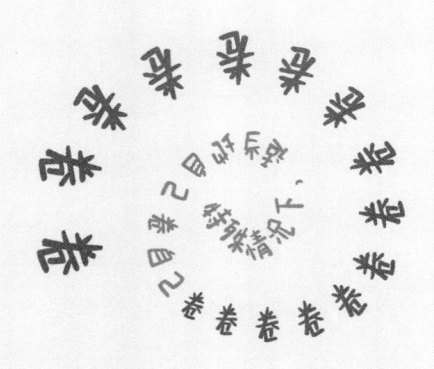

卷卷卷卷卷卷卷卷卷卷卷卷卷卷卷卷卷自己卷自己卷特殊情况下，以自己卷自己为乐

男孩接着答:"娶媳妇。"

"娶了媳妇做什么呢?"

"生孩子。"

"生了孩子做什么?"

"放羊。"

仔细思考一下我们的工作和生活,是不是也存在内卷化效应呢?

大学毕业后,我曾在某地广播电视报社工作过一段时间。众所周知,在纸媒衰退之前,广播电视报就首当其冲退出了新闻史的舞台。而在此之前,广播电视报社是拥有编制的事业单位,是名副其实的"铁饭碗"。所以,这一行业的衰变让很多老记者、老编辑接受不了,也曾引发不少矛盾。而我所在报社的领导在看见国内同行的遭遇后,就预见了这个结局,于是抢先一步提出改革,将《广播电视报》更名为《都市报》,恰好赶上了纸媒,特别是都市类报刊的黄金时代。报社内部不仅未裁员,还扩充了不少人马。

又过了十多年,新媒体出现了,纸媒行业

一片哀声，无一幸免。而这家报社又因为及时开展了新媒体线上业务而逃过一劫，现在已成为行业内的常青树。

值得一提的是，无论他们的砥柱业务变成了什么，始终没有放弃本地新闻这一原始业务，同时，随着时代和市场需求的发展而不停地进行改版与完善。

其实，这也是内卷化带来的好处。

小贴士

我不认为内卷化一定是负面的，我们要避免的是无意义的重复性工作，而不是拒绝自我提升与发展。在保证本职工作完成和质量不变的情况下，学会变通、改进和发展，同时尝试向外延伸，才能在风浪来临时站稳脚跟。

012

同体效应

最高级的销

同体效应又叫自己人效应，都说消灭敌人最好的方式，就是把敌人变成朋友。因为把对方变成自己人之后，对方就会更加容易接受我们的观点和态度，与我们立场一致。

所谓自己人，就是在某个方面和我们属于同一类型的人。可能是同样的身份，或者有同样的爱好，根据人际相似律可知，我们和这类人的关系更为亲密，人际吸引力也更强。如果你想让人们相信你、服从你、购买你推销的商品，就可以利用同体效应，把对方当成自己人，以获取对方的信任。

在一家销售古琴的公司中，有一个销售员

的月销售额总是比其他销售员多好几倍,我很好奇他是怎么做到的,观察了一阵才恍然大悟。

一个女琴友经朋友介绍找他购买古琴,挑中了一款9800元的古琴,并已开单付款。在等待时二人闲聊起来,原来这位女琴友已怀孕,准备买琴在孕期学习弹奏。于是销售员立刻做出反应,他告诉琴友,普通古琴所用的漆味道太大,容易引发孕吐,对胎儿也不好,建议顾客暂缓购琴,等生完孩子再学也不迟,已付的钱款可以退还给她。

女琴友听了十分感动,追问销售员什么样的琴味道不刺鼻,也不会对身体健康有损。最终在销售员的帮助下,她重新选购了一款98000元的古琴。

小贴士

同体效应是快速缩短心理距离、拉近彼此关系的一剂良药。如果能够把这个效应运用在人际交往中,我们就可以在短时间内打破交际双方的心理隔阂,让别人快速认同、接纳我们的观点。

013

狮羊效应

兵熊熊一个,

将熊熊一窝

狮羊效应来源于拿破仑说过的一句名言:"一只狮子带领的九十九只绵羊,可以打败一只绵羊带领的九十九只狮子。"这句话说明领导者是决定胜负关键的因素,中国也有一句类似的名言:"兵熊熊一个,将熊熊一窝。"

在职场中,你是否遇到过这样的情况?一个团队里,如果大部分员工跳单、懒惰、争斗、懈怠、投机取巧、不遵守规则,在遇到这种情况后,即便向领导反映也大多不了了之,因为领导认为这种行为很正常,不需要处理。

<u>是这些员工影响了领导者的思维与决策吗?</u>

当然不是,这只能说明领导者本身就是这

样的人，因此下属才会争相模仿和学习，并使整个团队染上不良风气。在群体活动中，人们常常顺从和模仿领导他们的人，就像婴儿会模仿自己父母的行为一样。团队中可能也会有不愿意去做这种事的人，那么，这个人一定会成为不受欢迎的黑羊，会被排斥和孤立。因此，决定一个团队走向的关键，是这个团队的领导者。

对于企业发展而言，中高层干部的选拔是重中之重。选对了人，什么困难都能克服；选错了人，整个团队都跟着走下坡路。而一个企业对外的品牌与形象，恰恰就是由这群中高层领导者决定的。

小贴士

管理才能就是影响力，真正优秀的主导者能通过自己的榜样作用影响别人。

014

酒与污水效应

远离污水，才能保持自己的纯净

如果把一勺酒倒进一桶污水里，污水还是污水，不会变成一桶酒；如果把一勺污水倒进一桶酒里，这桶酒却变成了污水。无论两者比例悬殊有多大，人们只关注污水，哪怕只有一滴污水进了酒里，人们都会放弃整桶美酒。

职场上也存在酒与污水效应，"污水"的比例肯定比"酒"少，但却影响着整个企业的形象。一个团队中,九十九个人做了好事,不一定能让人记住,但是如果一个人做了不好的事情,传扬出去,整个团队都会被拉低评价,甚至还会引发更大的危机。

职场"污水"的形成是管理者的责任。如果出现了"污水"一般的人,就会把整个团队搅得一团糟,有能力的人不愿意发声,选择默默离职;能力一般的人为了保住饭碗留下来,也会争先效仿,慢慢成为"污水"中的一员。

小贴士

不好的朋友和伴侣,何尝不是酒中的一勺污水?你的人生如同一桶香醇的美酒,只等时间赋予你更高的品质。但是当你接纳了一勺污水的时候,便成了一桶污水,令人敬而远之。

污水的存在无错,但接纳污水,就是你的错。

015

冰激凌效应

中国台湾地区的"经营之神"王永庆提出，虽然冰激凌是适合夏天的商品，在冬天非常不好销售，但是真正懂得销售的人，都会从冬天就开始卖冰激凌，并且因为销量不好而更加积极地改善服务态度，想方设法营销。如果在寒冬里，冰激凌也能卖得不错，那么到了夏天，就更不愁销售了。

这就是著名的冰激凌效应，在逆境中努力成长，在顺境时就会收获成功。

我就认识这样一位企业家，在疫情期间，其他人要么选择放弃，要么停滞不前，他却牢牢抓住了机会。他所在的行业之前呈现拥堵之

寒冬之中蕴藏着无限商机

状，遍地开花，已经没有多少利润了。但是因为疫情，放弃和退出赛道的同行太多，需求量却没减少，他反而收获了更多的订单。

只有吃过苦的人才知道享受生活的美好，经历过生死的人才知道珍惜眼前的平静。所以，在逆境中经历过一番锤炼的人，在顺境中才能蒸蒸日上。

小贴士

当你努力走出困境后，回头看看就会发现，曾经的痛苦与磨难都变成了财富，让你的生命更加厚重，精神更加富足。

016

杜根定律

杜根是美国橄榄球联合会前主席,他曾说:"强者未必是胜利者,而胜利迟早都属于有信心的人。"这便是杜根定律的由来。信心能解决世界上十之八九的事,我对此深信不疑。

几乎所有书本都告诉我们,这个世界是公平的,努力就会有收获,但是社会真相是残酷的,能力强的人不一定是胜利者,付出也不一定都有回报,这就是现状,我们无法逃避。

很多朋友会向我抱怨职场中的不易,并告诉我,他们想离职。针对这种情况,一般不是特别大的原则问题,或是已找到稳当的下家,我都会劝他们不要离职,再忍耐、坚持一段时间。因为我相信不管他们换去哪个公司,都会遇到相同的状况,与其放弃耕耘多年的战场,不如放下离开的念头,在此扎根深耕下去。我们首先要相信自己是能胜任这份工作的,而且有信心可以做得更好,才有争取胜利的机会。

小贴士

身处逆境,信心就是指引你乘风破浪的灯塔。

胜利迟早属于有信心的人

017

拆屋效应
如何让人无法拒绝你

鲁迅先生在《无声的中国》一文中写道:"中国人的性情总是喜欢调和、折中的,譬如你说,这屋子太暗,说在这里开一个天窗,大家一定是不允许的。但如果你主张拆掉屋顶,他们就会来调和,愿意开天窗了。"拆屋效应由此而来。我们在提出要求时,可以先提一个很大的要求,被拒绝后,再提较小的要求,就容易被接受了。

商务洽谈就是双方试探底线与来回博弈的过程。因此,拆屋效应已成为谈判与洽谈中常用的策略与手段。例如,甲乙双方就某个旅游景点的开发及运营权进行洽谈。乙方上来就报价一亿，甲方连连否决，认为这绝不可能；乙方退而求其次，提出六千万。甲方认为后者是合理的价位，同意此方案。实际上，乙方原本的心理价位就是六千万。

值得注意的是，在应用拆屋效应时，需要注意把握尺度，如果把握不好，反而会适得其反。

小贴士

适当掌握谈判策略与沟通技巧，或许会有意外收获。

018

齐加尼克效应
合理分配工作与生活的时间

法国心理学家齐加尼克曾做过一项实验,让两组人分别完成二十项工作。在实验过程中,他故意干扰其中一组被试者,并使他们最终无法顺利完成这些工作,而另一组不受干扰的被试者则顺利完成了所有工作。他发现,未能顺利完成工作的压力会一直伴随被试者,哪怕任务已结束,这种紧张感仍无法缓解。

我是一个典型的被齐加尼克效应所影响的人,并为此而感到苦恼。我曾提前几个月便定下了旅游的计划和船票,临近出发却接到任务,负责某大型活动的策划工作,可旅游计划已无法推迟,无奈之下我只能"一心二用"。

虽然已经安排好了全部工作，但我依然十分紧张，压力非常大。从登上邮轮开始，我一直拿着手机，不停地查看和回复消息。我几乎没有在船上观光，每天早早地将孩子送到船上的游乐园里托管，自己则用笔记本电脑在客房里办公。哪怕是上岸观光的时候，我也在时时用手机处理工作。几天下来，我感觉非常疲惫，完全没有旅游的心情，还因为远程工作而出了一些小状况。

小贴士

该工作的时候就工作，该休闲的时候就休闲，二者兼顾，只会二者都做不好。

019

月曜效应
将重要的工作放在周一完成

很多孩子会在周末的时候疯玩一场,消耗大量体力,周日晚上睡得晚,周一就起不了床,上学后精神萎靡不振,心收不回来,也没有心思上课。这就是典型的周一效应,因为古代把周一称为"月曜",所以这种现象也被称为月曜效应。对应的还有周五效应,每到周五的时候,孩子们就期盼着放假,人还在学校,心已经飞出了校外。

被月曜效应影响的不只是孩子,成年人也逃不过。想想我们周末的时候要么疯玩,要么疯宅,作息时间全被打乱。周一上班时,人在办公室,心却还在家里睡大觉,等适应完了,周一也快过完了。好不容易熬到了周五,又开始盼着下班过周末了。

一周七天,剩下真正能干活的时间也不多了。如何解决这个问题呢?这就需要我们学会合理调整生活作息,健康管理情绪压力,劳逸结合,不让自己压力太大,也不让自己过度放松。

小贴士

- 规定周日晚上九点半为假期结束时间,准时上床睡觉。
- 周一起床后,先做舒展运动,再吃一顿活力早餐。
- 将一周内最重要的工作全部放在周一来做,强迫自己动起来。
- 周五也不能松懈,将假期开始时间定在周五下班后一小时左右,并认真总结一周工作。

020

酝酿效应

钻进死胡同的时候，学会放松自己

叙拉古国王命人打造了一顶纯金的皇冠，拿到成品后国王怀疑工匠在里面掺了银子，但他又没有办法证实，于是请天下的智者来帮他解决这个问题。所有的智者都束手无策，此时有人向国王推荐了阿基米德。

眼看国王给定的期限马上就要到了，阿基米德十分苦恼，他尝试了很多办法都失败了。他被这个难题折磨得食不知味，夜不能寐，于是便决定将其搁置一旁，先泡个舒服的热水澡再说。没想到，当他坐入澡盆，看着水满溢出去的时候，瞬间打开了思路，想到了用浮力识别黄金纯度的方法。

有的时候就是这样,当你全力解决一个复杂的问题时,通常百思不得其解。但是如果暂时放下这个问题,转移注意力,去做些其他事情,反而能在机缘巧合下解决难题,而这个暂停的过程就叫酝酿效应。

十多年前,我刚开始写作不久,在完成两部长篇小说后就陷入了困境,死活找不到新的素材,脑子里一点想法也没有,急得都睡不着觉。

就在这时,妈妈提议去三峡玩几天,让脑子休息休息,放松一下精神。于是,我们就踏上了旅程。三峡风光雄伟壮丽,特别是两岸的山峰被云雾环绕,更显神秘莫测。光是看着这些山,故事大纲就在我的脑海中缓缓成形了。

小贴士

如果你接手了一个十分复杂的工作,想了很久也没有头绪,不如将工作暂时放下,出去逛逛,或者找朋友聊天喝茶。相信我,一定会有意想不到的收获。

021

系列位置效应
工作安排的时间顺序很重要

系列位置效应指的是事件发生的顺序影响着事件的发展趋势和最终结果,包括首位效应和近因效应。

首位效应是指人们一般会牢记开头发生的事。比如,在与人交往时,人们会非常重视见面时的第一印象,它将决定着人们对彼此的观感和评价,很难扭转和改变。

你是否发现,在面试时,你和面试官交谈的融洽程度,往往预示着你们共事后的关系如何。如果面试时,你们就谈得非常默契,将来一定相处得不错;如果面试时就磕磕巴巴,哪怕入职了,在与之打交道的过程中,也极难改变最初印象。所以，要慎重对待每一次面试，好好利用首位效应。

近因效应是指人无法记忆大量的信息，因此大脑自动选择只记住最后看见的事情，并且认为这就是全部。

一个项目往往在前期磨合的时候会出现种种问题，但是到了后期渐入佳境，越来越顺手，到结束的时候再提起这个项目，人们可能只记得圆满顺利的结局，而忘记了之前经历的困难与挫折。

小贴士

合理利用系列位置效应，让自己的工作更高效。

022

鲇鱼效应

沙丁鱼为近海暖水性鱼类，营养价值高，但是在运输途中容易死掉，为了解决这个问题，渔民会在运输的容器里放一条鲇鱼。鲇鱼是沙丁鱼的天敌，为了躲避鲇鱼的追击，沙丁鱼会到处闪躲，由此解决了缺氧的问题，提高沙丁鱼的存活率。

在职场中，我们不就像装在一个容器里的沙丁鱼吗？一些领导喜欢往波澜不惊的环境中扔一条鲇鱼，搅活这一潭死水，这是一种十分常见的职场现象，也被称为"外来的鲇鱼"。

公司里通常会有两个管理层的副职，二人在公司工作多年，一直处于平衡状态，但是一

外来的鲶鱼好念经

旦正职管理层履新或荣迁，需要在他们中间选一个接班人时，通常二人的关系就会变得微妙起来。面对这种情况，公司通常二者都不选，而是从外部高价聘请一个职业经理人，或是从总公司空降一位领导，即"外来的鲶鱼"。这样做就是为了搅活整个环境，让大家为了生存行动起来。

> **小贴士**
>
> 我们需要保持危机感，但不要过度。适度刺激是激励，过度刺激就是内耗。

023

安泰效应

在古希腊神话中，海神波塞冬有一个儿子叫安泰，是天生的巨人，他力大无穷且百战百胜，任何人都不是他的对手。但是他有一个弱点，他的力量全部来自他的母亲——大地之神盖亚，一旦他不与大地接触，他便失去了力量。大力神海格力斯得知这个秘密后，在决斗时将他高高举起，在空中杀了他。后来，人们将失去某种条件就失去相关能力的现象，称为安泰效应。

现在流行一种观点，即别把平台的能力错当成自己的本事，指的是那些在知名企业工作的人，或是在特殊部门拥有特殊权力的人，一

把平台的能力错当成自己的本事

旦失去这份工作或这个位置,也就失去了相应的能力。很多时候,人们看重的并不是我们本身,而是我们身后的平台和背景。一旦离开了这个环境,我们便失去了这些光环。越早意识到这一点,越能保护自己。

小贴士

当有人因为你的背景、奉承、夸奖甚至引诱你时,千万要警惕,他们看中的是你背后的"老虎",而不是你这只"狐狸"。

024

帕金森定律
将可用的时间全部填满

帕金森定律是20世纪西方文化三大发现之一，也是世界著名的三大定律之一，由英国的历史学家诺斯古德·帕金森提出，指的是在行政管理中，行政机构会像金字塔一样不断增多，行政人员会不断膨胀，每个人都很忙，但组织效率越来越低下。

初创业者都会进入一个误区，认为员工越多，公司规模越大，效益越好。实际上，这是一种不正确的看法。衡量一个公司的发展不能只看员工多少、场地多大以及固定资产有多少，更应该关注公司的业绩。当行业遇到风浪时，轻资产的公司更容易在汹涌的波涛中撑下来。

对于个人而言，帕金森定律也同样适用。无论是在工作中，还是在生活中，我们都可以尝试将多项工作全部安排在同一时间段，同时进行，合理统筹，不要为不是特别重要的项目或工作专门腾出时间，否则得不偿失。

小贴士

在固定的时间里同时做几项工作，你会发现每件事都能做得又快又好。

025

紫格尼克效应

心理学家布鲁玛·紫格尼克曾做过一个实验,她给128个孩子布置了一些作业,然后中途叫停,1小时后,有110个孩子还对这些作业念念不忘。这个实验的结论是,人们容易忘记已完成的工作,但对未完成的工作却记忆犹新,这和"完成欲"及"心理张力"有关。

这一效应体现在生活中的方方面面,比如,浇完所有的花或读完一本书,都能让我们获得满满的成就感。此外,我们还可以利用紫格尼克效应提高工作效率。

阿曼达是外企高管,她通常会将项目拆解成多个节点,制定详细的工作节奏及间歇方式,并将规划表打印出来贴在墙上,供团队的人日常记录与遵守。每当工作暂告一段落,他们就将之前的资料封存起来,进行短暂休假,然后再继续下一阶段的工作。如此一来,团队的效率就提高了不少。

制定属于自己的工作节奏

🚗 小贴士

把人生当成一段长长的旅程,每一个节点就是一座里程碑,按自己的节奏,耐心完成一件事,就像打卡一座里程碑。

— 王尔德 —

梦想家只能在月光下找到自己的路，他的惩罚是第一个看见黎明。

CHAPTER 2

从来没有白忙一场的学习

反思沉淀

找寻自我

追逐梦想

026
荷花效应

拼到最后，
靠的不是运气，
是**毅力**

池子里种满了荷花，养了一段时间后，第一天开了一朵花，第二天开了两朵，第三天开了六朵。就这样过了一个月，突然有一天，一觉醒来，本来空空荡荡的荷花池，竟在一夜之间开满了花。

《韩非子·喻老》中曾有这样一句话："三年不翅，将以长羽翼；不飞不鸣，将以观民则。虽无飞，飞必冲天；虽无鸣，鸣必惊人。"

可见，很多美好的事物都不是一朝一夕可以看见成效的，而是需要耐心等待的。我们要做的就是：保持努力，安静等待，时机一到，清风自来。

一个朋友不惑之年才开始学油画，最开始的时候，他的"大作"真的惨不忍睹。朋友们都说他没有天赋，劝他早点放弃，但他都只是一笑而过。学习油画的过程总是枯燥又无趣的，当收到他发来的画展请柬时，我们才猛然发现，他学油画竟然已经坚持三年了。那次画展上展出的都是他的画作，从笔触稚嫩到大气天成，着实惊艳了所有人。

他说:"学习这种事,没有立竿见影的效果,但是学习的每一个细节,都在悄悄地累积沉淀,提升水平,最后不知不觉就画得很好了。"

小贴士

凡事都不可能上午努力,下午就能得到好的结果,往往要经过一段时间的坚持和等待,其间可能还会遭遇困难和挫折。很多时候,成功靠的不是运气,而是毅力。厚积薄发才是人生最好的状态。

027

马太效应

国王拿出三锭银子，分别交给三个仆人，让他们出去做生意。过了不久，三个仆人都回来了。

第一个仆人说："我用你给的那锭银子，已经挣了十锭银子了。"

第二个仆人说："我用你给的那锭银子，已经挣了五锭银子了。"

第三个仆人说："因为我害怕把这锭银子弄丢了，所以一直装在包里，没敢拿出来。"

国王听完第三个仆人说的话，非常生气，就把给他的那锭银子拿出来，作为奖励，赏给了第一个仆人。

强者越强，
弱者越弱

这个故事说明，当资源有限时，分配就容易出现两极化，而天平通常会倾斜到强者的那一边。这就是马太效应：强者会越来越强，因为他们轻易便能拥有更多的资源，而弱者则会越来越弱，最终失去所有。

强者习惯用强者思维解决问题，做事更有效率。就算一时出错或遇到困难，也会因为家底深厚、心胸宽阔、不屈不挠、勇敢坚毅而安然渡过难关，加上有底气、有本钱，通向成功的道路就会又多又宽，连困难和危险也会变得少一些。而弱者本身拥有的就不多，眼界有限，胆小怕事，没有底气和本钱，抗风险能力差，所以通向成功的路就变得很窄。

小贴士

虽然这个社会崇尚"赢家通吃"，但是我一直相信输赢不在一时，要看长远。强者要有维持稳定、攀登更高峰的能力；弱者也要学会在困境中逆袭，努力将自己变成强者。

028

潘多拉效应

希腊神话中，宙斯为了惩罚人类，派潘多拉带着一个盒子到人间，却不告诉她盒子里装的是什么。在好奇心的驱使下，潘多拉偷偷地打开了盒子。结果，装在盒子里的灾难、战争、祸害和瘟疫全部飞了出来。潘多拉知道自己闯了祸，吓得赶紧盖住了盒子。可她不知道的是，雅典娜为了拯救人类，将希望放在了盒子的最下层。而此时，希望却被潘多拉永远地关在了盒子里。

最初，人们以潘多拉效应警示后人，不要擅自触碰不该触碰的禁忌，后来引申为如果需要某个人保守重要的秘密，一定要提前告诉对

打破禁忌的最好办法，就是让禁忌失去神秘感

方具体是什么，不然对方很可能会在好奇心和逆反心的驱使下，把事情弄得更糟糕。

对于孩子而言，如果告诉他不能沉溺电子产品和网络游戏，只能让他更加好奇究竟有多么好玩。倒不如仔细说明原因，让他亲自尝试，当电子产品和网络游戏失去神秘感后，他才能真切体会沉溺其中的弊端。

> **小贴士**
>
> 人都是有好奇心和逆反心的，让"魔盒"失去神秘感，潘多拉效应便不复存在。

029 灰犀牛效应

2016年，美国作家米歇尔·渥克出版了一本名叫《灰犀牛：如何应对大概率危机》的书。这是一本经济类畅销书，书中提到了很多明显的、高概率的事件，因为太过普遍而被人们忽视，最终造成重大危机。与比喻小概率而影响巨大的事件的黑天鹅效应相反，灰犀牛效应指的是大概率且影响巨大的潜在危机。

在自然界中，灰犀牛体积庞大，行动缓慢，所有的动物都不会将它当回事，可一旦它发怒狂奔，却没有多少动物能够抵挡得住。因此，灰犀牛效应有如下两个明显的特征：第一，不是突然发生的，有很多征兆，只是一直被人们

所忽视；第二，看似平平无奇，但潜藏着巨大危机。

首先，我想问这样一个问题：你认为泰坦尼克号沉没事件是"黑天鹅"还是"灰犀牛"？从当时的新闻来看，这绝对是世纪"黑天鹅"事件，但是当我们剖析整个过程，就会发现从这艘船建造开始就多次被查出偷工减料，只是在利益的驱使下，大多数人选择了忽视，才最终酿成了悲剧。因此，泰坦尼克号沉没是不折不扣的"灰犀牛"事件。

灰犀牛效应产生的原因是利益驱使和侥幸

没有一场灾难是突然降临的

心理。很多事，看似是"黑天鹅"事件，深究原因后，才发现其实属于"灰犀牛"事件。在事件发生之前，就已经出现过很多警示，只不过没有引起人们的注意而已。

> **小贴士**
>
> 防范"灰犀牛"事件的前提是正视"灰犀牛"的存在，要时刻警惕事件背后的隐忧，关注平静之下的暗流，将"灰犀牛"隔离在特定区域，从根源消除危机。

030

拍球效应

把握好拍球的力度，才能让球弹得更高

我们拍球的时候，往往用的力气越大，球就弹得越高；用的力气越小，球就弹得越低。这就是拍球效应，也可以理解为，一个人承受的压力越大，其潜力被激发的可能性也就越大。正所谓，人不逼自己一把，可能都不知道自己有多优秀。

　　老张并不老，少年得志，中年就升为了集团高层，所以被朋友们戏称为"老张"。他曾说，自己能有如今的成就，多亏了一段高压时期的淬炼。

　　公司刚起步的时候，创业期消耗时间过长，整个团队都呈连轴转状态。老张作为项目领头人花费了比组员们更多的精力，到后来产品研发的关键时期，又恰逢家中老人病重，妻子生产，还有嗷嗷待哺的幼子。最艰难的时候，老张也曾想过放弃，但最终他还是咬牙坚持了下来。那时候他都不敢相信,自己能有这样的潜力,像打了鸡血一样,硬扛了下来,才有了如今的成就。

他说:"那时,我真以为自己扛不下来了,但每次想放弃的时候,都劝自己再坚持一个月。一个月又一个月,我就这样坚持下来了。最困难的时期已经过去了,我相信,以后不管遇到什么困难,我都无所畏惧了。"

有人曾做过这样一个实验,短期内给学生施加压力,学生的确可能会迅速长进。但是如此成长容易被限制高度,并不能达到理想效果,而且这个压力期一过,还容易出现反弹。只有经常得到表扬和肯定的孩子,才会拥有自信,持续开发自己的潜能,一直进步。

小贴士

压力是一把双刃剑,它能让你全力以赴,也能让你一蹶不振。合理施压能激发潜力,合理释压能满血复活。

031

补偿心理

美国总统林肯出身一般,长得也不好看,举止更是没有风度可言。为了弥补这一短板,他格外勤奋,想通过后天努力改变自己的人生,最终他成功了。很多成功人士的奋斗路径与之相似,这是一种心理适应机制,因为有某种缺陷和不足,而从另一个方面发展长处,能最终达到心理上的平衡和对自我的认可。

这种补偿效应改变了很多人的一生,一些从小对自己不满意或不被别人认可的孩子,长大后会加倍努力,补偿自己或他人,以此证明自己的价值。

朋友出生在一个重男轻女的家庭,不曾被

家人寄予过任何厚望。她勤奋好学,可父母却觉得女孩读书无用,为了能继续学业,她稚嫩的肩膀承载了难以想象的压力,但好在她坚持下来并考上了大学。进入职场后,她依然会遇到许多歧视和压力,为此她付出了比常人更多的努力。她说:"我想为自己和全天下的女孩争口气,证明我们可以。"

小贴士

身为女孩,不必感到抱歉,也不需要向任何人证明自己。

你的努力,只为成就更好的自己

032

延迟满足效应
别让错误的延迟满足害了你

美国心理学家沃尔特·米歇尔做过一个实验,他找来十多个小孩子,安排他们每个人单独待在一间房间里,并在房内摆放各种零食,要求他们只能看不能吃,能做到的孩子会得到奖励。最终,只有极少数孩子做到了。

多数人认为克制自己的欲望才能获得更好的人生,但是,关于延迟满足效应也有不同的理解。延迟满足的过程,就是克制和压抑的过程,可时机一过,再多补偿也弥补不了。如果是为了获得更大的利益,在等待的过程中暂时委屈自己,延时获取成果,可以理解。但如果不顾现实条件与结果如何,一味委屈自己,就令人难以理解了。

现在流行延迟满足教育,不管孩子想要什么,家长都不会立刻答应,要延迟一阵再答应。锻炼孩子控制自己的欲望虽然是一件好事,但这种教育方法需要视具体情况而定。所想即所得是一件非常美好的事情,即时获得满足感和安全感也很重要。

> **小贴士**
>
> 延迟满足需要忍耐当前的不满足,以达到更高目标,但要注意适度适当原则。

033

木桶效应

用借法解决短板问题

一个水桶能装多少水并不取决于最长的木板,而是取决于最短的。正如我们的人生,决定成败的关键不是优点,而是短处。也可以说,我们的人生处处被短板所制约。

以一家刚起步的科技公司为例,假如老板

是技术人员出身，带着其他技术人员，自主研发了一款手机，凭借技术优势在国际市场上都很有竞争力。但是，这群技术人员在营销和宣发上却一窍不通，老板也没有这方面的人才配置和资源，然而决定手机销量和这家公司前途的关键点就是其短板——营销和宣发。

当木桶出现短板时，我们可以借来一块长板，利用技术无缝胶合后，提高短板的高度，木桶就能装更多的水了。企业如果出现短板，可以向市场寻求资源，寻找匹配职位和能力的人才，解决这个短板问题。

同理，我们也一样，不管哪一方面出现短板，都可以向外寻求帮助，弥补短板的高度，以实现更高远的人生目标。

小贴士

想要解决短板问题有很多种方法，而向外借力、取长补短是效率最高的一种。

034

赫洛克效应
学会回应与奖励自己

心理学家赫洛克做过一个实验,将一群孩子分为四组,安排他们在不同的情境下完成同样难度的学习任务。第一组孩子完成学习任务后,会立刻得到表扬;第二组孩子完成学习任务后,会立刻受到批评;第三组孩子既不会得到表扬,也不会受到批评,但他们可以看到前两组被表扬或批评的情况;第四组孩子被完全隔离控制,不让他们与前三组联系,也不对他们的学习结果进行反馈。

一段时间后,对四组孩子进行评估,表现最差的是被隔离控制的第四组,表现最好的是得到表扬的第一组,而受到批评的第二组表现虽然没有第一组好，但明显比被忽视的第三组更好。

这就是赫洛克效应，及时对上一阶段的工作进行总结复盘，能达到促进工作开展的作用，如果在复盘时得到的反馈是积极正面的，效果更佳。每年年末，我都会抽出时间，对自己进行一场复盘，给自己以肯定和鼓励，以平静快乐、期待满足的心境迎接新一年。

小贴士

定期复盘，适当进行自我奖励，回应自己，感觉会更棒。

035

德西效应

1971年，心理学家爱德华·德西做了一个试验。他将实验参与者分为两组，安排他们在实验室内破解有趣的智力难题。第一阶段，两组参与者都没有奖励；第二阶段，一组解开难题后有奖励，另一组依旧没有奖励；第三阶段为休息时间，参与者可以自愿选择休息或继续解题。

结果表明，在第二阶段得到奖励的参与者大多选择休息，而未曾得到奖励的参与者则大多选择继续解题。于是，德西得出一个结论：当人在进行一项愉快的活动时，得到奖励反而会减少这项活动对他的内在吸引力。

有的父母为了鼓励孩子学习或培养兴趣爱

阳光普照奖 = 没有

好，会用奖励刺激孩子进步，比如，下次测验成绩能达到优，就给孩子买期待已久的游戏机。一开始，这样的奖励刺激会有一定效果，可是如此几次之后，父母不再提出给予某项奖励时，孩子对于努力学习取得进步这件事就缺乏兴趣了，甚至比之前更加懈怠。

之所以会出现这种情况，是因为孩子原本成绩优异、表现良好是受内在驱动的作用，比如，对学习的爱好和良好的学习习惯等，当你把外在驱动，也就是奖励加在孩子身上的时候，反而让孩子迷失了重点。孩子不再是为了兴趣而学习，而是为了奖励而学习。

为了兴趣而学习，可以一直保持动力；为了奖励而学习，关注点就会落在结果之上，而不是学习本身。

小贴士

关注自我成长，激发内驱动力，才是成长的关键。虽然辛苦，但逐梦前行的滚烫人生才有意义。

036

彼得效应
学习永无止境

美国著名的管理学家、教育学家劳伦斯·彼得创立了管理学中的层级组织学并指出:"在一个等级制度中,每个职工趋向于上升到他所不能胜任的地位。"可以理解为,每一个职工由于在原有职位上表现好,就被提升到更高一级职位,如果继续胜任则将进一步被提升,直至到达他所不能胜任的职位。彼得效应在职场中不仅是常态,更是魔咒,无论多优秀的人都不例外。

朋友多年前经营一家艺术餐厅,空闲的时候喜欢做各类社群沙龙,后来创投盛行的时候,他因为累积了一些资源,又开始做创投类的沙龙。久而久之，他就与人合伙开了一家投资公司。

那段时间，投行的发展速度跟坐了火箭一样，他们的小公司也乘着东风，升级为很大的投资集团，可问题也随之而来。朋友是学艺术出身的，平时做一些项目、管理几十个人不成问题，但如今要管理已投资上百家企业、员工人数达到六百人以上的大集团，很是吃力。每逢开会就是他最惶恐的时候，用他的话说就是根本听不懂别人在说什么。

由于他是原始股东，又是二把手，虽然职位没变，但职能却随着公司的发展越来越高，已经超出了他的能力范围。随着公司招聘了越来越多的职业经理人，他这个副总很快就被架空了，不仅在下属面前没有威信，还常常引起老板的不满。老板在开会的时候意有所指地说："公司发展壮大了，但是有些管理层还留在原地，才不配位。"这让他觉得很难受，但无力改变，最终只能被边缘化，离开公司，只保留了原始股权。

社会在发展，企业也在发展，但是人们容易因为惰性而满足于现状。当职位越来越高，职能范围越来越广，个体却一直停滞不前或提升速度跟不上环境发展速度的时候，就容易出现彼得效应。

如果我们的职位三年升一级，那么我们的能力在三年内至少要升两级，才能在新岗位上做得更出彩。

小贴士

时刻保持学习状态，让自己的提升速度永远跑过发展速度。

037

通感效应
让通感效应成为有效助力工具

通感效应是指在艺术创作与鉴赏活动中,各种感觉相互渗透或挪移的心理现象。例如,在欣赏激昂的音乐时,眼前会浮现金戈铁马、两军对垒的战争场面;听见舒缓的音乐时,仿佛可以看见清晨的森林,听见鸟鸣声和小溪的水声,甚至闻到新鲜的泥土和花草的味道。

这是个很美好的效应,如果运用得当,可以让我们的生活充满艺术感。

逛画展和博物馆时,在欣赏某件展品之前,可以用手机搜索一下这件展品的相关资料及背后的创作故事,再对比实物,细细观瞧。当你看见了它的前世今生,也了解了它的独特含义后，它于你而言就不只是一件被关在玻璃罩里的展品这么简单了。

现场音乐会的氛围很容易营造通感效应，令人沉浸其中，在平常生活中我们也可以用音乐打造仪式感。在一个休闲、放松的下午或晚上，将家中收拾得干净清爽，闭目躺在地毯上，播放一首纯音乐，静静欣赏。当音乐响起时，脑海里浮现的场景就是通过听觉转换为视觉和思维的通感效应。

如果你是一名创作者，当你失去创作灵感，就是我们常说的"卡住了"的时候，通感效应也可以帮你走出困局。可以尝试着模拟催眠的环境，让自己进入潜意识，脑海里只想着创作的东西，相关资料就会在你的脑海里自动拼接，并且通过通感效应，进行无限扩展。你会在潜意识中看见自己想要的东西。

小贴士

恰当运用通感效应，可以让学习和生活变得更加美好有趣。

038

苏东坡效应

宋代诗人苏东坡游览庐山,写下《题西林壁》一诗:"横看成岭侧成峰,远近高低各不同。不识庐山真面目,只缘身在此山中。"苏东坡效应由此而来,意思是人们可以看清楚很多事物,唯独看不清楚自己。

战国时期齐国谋士邹忌高大威猛、相貌英俊,有一天边照镜子边问妻子:"你觉得我和城北的徐公比起来,谁更俊美?"妻子说:"当然是您了,徐公怎么能和您比?"邹忌不信,又问仆人。仆人坚定地回答:"徐公根本没法和您比!"这时,家里有客人来拜访,他再次向客人问了同样的问题,客人说:"还是您更帅,徐

不识庐山真面目，
只缘身在此山中。

公比不上您！"

邹忌不免沾沾自喜，但是过了些日子，他见到了徐公，才发现对方比他帅气多了。此时，他才恍然大悟："我的妻子偏爱我，仆人惧怕我，客人有求于我，所以他们都说我更帅气。可见，他们嘴里的我，都不是真正的我。"

后来，他以这件事劝谏齐威王，听到的言语不一定是真话，可能是大臣和百姓因惧怕而说的奉承话。齐威王听了沉思良久，于是广开言路，虚心纳谏，成为一个贤明的君主。

在生活中，我们不可能完全置身局外地观察自己，而来自周围的人的评价也通常带有目的性和不公正性，会对我们造成干扰。因此，正确认识自己远没有想象中那么容易。

小贴士

提高自我认知能力，时常内观与自省，学会辨识外界评论，才能促进自我成长。

039

瓦拉赫效应

定位自己的潜能与特长，并坚持下去

瓦拉赫效应来源于诺贝尔化学奖得主奥托·瓦拉赫的故事。小时候，父母希望他成为一名文学家，但是老师劝他放弃，认为他没有这方面的天赋，绝对成不了文学家。后来他改画油画，可不管怎么努力，成绩都是倒数第一，老师又劝他不要在画画上浪费时间了，还是去做些别的吧。

不管他学什么都成绩平平，直到化学老师发现了他的潜质，认为他认真仔细，一丝不苟，很适合做化学试验，于是建议他专攻这方面。后来他果然在化学领域成绩斐然，还获得了诺贝尔化学奖。

瓦拉赫效应告诉我们，每个孩子都有自己的强项和弱项，一旦他们找准自己的强项，并接受正确的引导，就能获得超群的成绩。

每个人都有自己的天赋，但并非所有人都能正确挖掘自己的潜质。有的人浑浑噩噩，一事无成，甚至不知道自己到底最擅长什么；有的人知道了，却没当回事，荒废了自己的天赋。

一个小男孩特别调皮好动，上课根本坐不住，在班里一直是倒数第一，还经常和同学打架。父母对他非常头疼，向我寻求建议。经过了解后，我得知他小学三年级就可以记住看过的动画片的全部台词，于是我断定他在数学方面会有所成就。后来父母送他去学编程，拿了很多奖杯回来。评委都说他在数学方面的天赋，是普通孩子望尘莫及的。

小贴士

天赋是需要被发掘和引导的，在某个方面有缺陷的人，天赋往往会更明显。

040

乌鸦定律

不逃避问题,也不必事事反省

乌鸦和鸽子共同生活在一片森林里，有一天乌鸦向鸽子辞行，想换个地方生活。鸽子问其原因。乌鸦说："森林里其他的小动物嫌弃我的叫声太难听了，都不愿意跟我做朋友。"

鸽子说："如果你的声音不改变，即使换个地方，大家可能还是会嫌你的叫声难听，与其搬家，还不如改变自己的叫声。"

这是一个很有趣的定律，有两层含义。第一层是指乌鸦在遇到问题的时候，首先想到的是逃避问题，没有注意到自身的缺点，把问题归咎于环境。与其逃避问题，不如反省自己，改正自己的缺点，努力适应环境。

但仔细想一下，就会发现这个故事是经不起推敲的。乌鸦叫声难听是天生的，它又如何能够改变自己的叫声呢？

所以，第二层含义是指我们在遇到问题后，不能不问青红皂白就一味地反省自己。如果自己身上真的存在需要改正的问题，当然要改；如果是无须改正的问题，或者根本不是自己的问题，也没必要勉强自己。

在这个故事里，我们要明白一个基本逻辑：嫌弃乌鸦的声音难听而孤立它，是其他小动物的问题，并不是乌鸦的错。森林里叫声不悦耳的小动物有那么多，赶走了乌鸦，还有鸭子、猫头鹰等。所以，乌鸦不必搬家，也不必改变自己的叫声。

小贴士

遇到事情，不能逃避问题，但也没有必要事事都自我反省。尤其不要将不属于自己的过错，全部揽在自己的身上。

041

蜜蜂效应

美国密歇根大学的教授卡尔·韦克曾做过这样一个试验:把六只蜜蜂和六只苍蝇同时放进一个玻璃瓶中,并将瓶子平放,然后让瓶底朝着有光亮的窗户。最终,六只习惯追寻光亮的蜜蜂因为一直试图从瓶底找到出口飞出去,全部力竭而亡。而那些不起眼的苍蝇为了求生,到处乱撞,反而全部意外找到了瓶口,逃了出去。

韦克教授因此得出了一个结论:实验、坚持不懈、试错、冒险、即兴发挥、最佳途径、迂回前进、混乱、刻板和随机应变,所有这些都有助于应对变化。

在现实生活中，名校毕业是一份好工作的敲门砖，但能做出什么样的成绩，靠的却是自身的应变能力。那些能够及时调整状态、不按常理出牌的人，往往能在社会与职场中生存得更好，更能做出一番事业。

从另一个角度来说，企业生存的环境可能突然从正常状态变得不可预期、不可想象、不可理解，企业中的"蜜蜂"们随时会撞上无法理喻的"玻璃之墙"。领导者的工作就是赋予这种变化以合理性，并找出带领企业解决危机的办法。组织的本意是稳定自身的直接环境，从混乱中理出秩序；但在一个经常变化的世界里，混乱的行动也比有序的停滞好得多。

小贴士

这是一个多元且多变的社会，处处充满着不确定性，一成不变只会让自己处在被动的风口。以万变应万变，才能跟紧时代的节奏。

小万季应万岁

042

毛毛虫效应

　　《昆虫记》的作者法布尔是知名的昆虫学家、动物行为学家，他曾做过一个实验：将很多毛毛虫放在花盆的边缘，首尾相连围成一圈，并在不远处撒上它们爱吃的松叶。但是毛毛虫们却像根本没有看到松叶一样，一直围着花盆转圈，直到精疲力竭，饥饿至死。

　　后来，人们把这种喜欢跟着前人路线走的行为称为"跟随者习惯"，把因跟随而导致失败的现象称为"毛毛虫效应"。盲目复制、跟随他人的人，偏信纸上谈兵的人，对自己不够了解的人，以及不敢创新的人，都像实验中对松叶视而不见、只知转圈的毛毛虫一样。

那么，我们该如何避免毛毛虫效应？

首先，深度了解自己，选择最合适自己的道路；其次，培养独立思考能力，可借鉴前人的成功经验，但也要有自己的思考能力；最后，借鉴经验不意味着一切照搬，适合别人的不一定适合你，在条件成熟后，要加以改良，制定自己的独特路线。

小贴士

不盲从，才能活出自己的精彩。

做创新的追随者

043

跳蚤效应

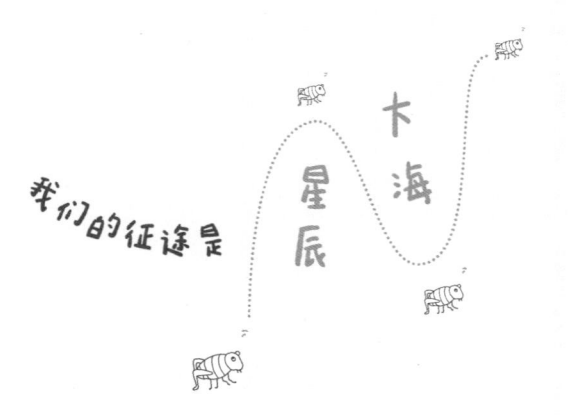

我们的征途是 星辰 大海

跳蚤通常可以跳得很高，但如果将它们放进一个瓶子里，盖上盖子，它们最高只能跳到瓶盖处。过了一段时间后，将跳蚤从瓶子里取出，它们仍然只能跳到受困于瓶中时的高度。这是因为跳蚤默认了瓶子的限制，认为自己只能跳这么高。

跳蚤效应是比喻那些不敢做梦的老实人，他们认为自己的能力只有这么多，从来不敢去尝试更高的挑战。受跳蚤效应影响的人，谁还没有给自己盖过天花板呢？你以为这是自己能触碰到的顶端，但是从未想过自己是可以打破这个天花板的，而在此之外还有更广阔的世界。

很多年前，我因为生孩子而放弃了一家集团公司的高层岗位。当时我难过地和朋友说，我可能这辈子都无法再触及这个位置了。

生完孩子的第三年，我在家做全职妈妈，有一天，接到了一家大型集团公司的邀请，出任其子公司的掌舵人，不过需要去另一个城市任职。为了陪伴孩子，我只能含泪拒绝。那天下午，我给好友打电话，边哭边说："我错过了这辈子最好的工作。"我还把这句话写在了当天的日记中,现在拿出来看会觉得有点幼稚可笑,但那的确代表着我当时的绝望心境。

后来,孩子渐渐大了,我开始创业。如今我已拥有两家公司,合作方遍布世界各地,全都是行业内顶尖的企业和平台。但是我已经不会认为,这就是自己能触碰到的天花板了。

小贴士

外边的世界很大很精彩,只要我们不受跳蚤效应的影响,天花板就不存在。一切取决于我们自己,心有多大,舞台就有多大。海阔凭鱼跃,天高任鸟飞。

044

瓜子理论

生活中暗藏的哲理

管理学中有个著名的"瓜子理论",无论人们是否喜欢瓜子,看见瓜子都会忍不住拿起一颗,而嗑了第一颗,自然还会嗑第二颗、第三颗,完全停不下来。嗑瓜子时就算中途被打断,人们回来后还是会接着吃,直到瓜子被吃光。

在某个商业学课堂上,老师给每个人发了一小包瓜子,大家也没细问,拿起来就拆开包装,嗑了起来。大家边嗑边聊天,悠闲又放松,还和同学聊出不少可以合作的点子。

嗑完后,老师问我们:"瓜子好吃吗?"

我们都回答:"好吃。"

老师又问:"悟出了什么?"

大家哄堂大笑:"悟出了以后上课多带点瓜子。"

老师指着瓜子壳说:"别看嗑瓜子是件小事,学问可大着呢。"

嗑瓜子这种行为简单易操作且容易掌握,可以让人的手、嘴和心理同时得到满足与安慰,并且人们还会在嗑瓜子的过程中不断改进嗑瓜子的方法,这个过程还增强了自信,因此人们在潜意识中会期待、享受这个过程,并对此感到身心愉悦。此外,每嗑开一个瓜子,都能马上得到一个瓜子仁,这就是即时回报。最后一包瓜子嗑完,还能收获一堆瓜子壳,让人们获得了满满的成就感。

瓜子理论被广泛运用在人力资源课程里，对于做管理或人力资源工作的人来说，如果可以让员工感到身心舒适、获得即时奖励、获得满满的成就感，员工还有什么不满意的呢？其实，在生活中，我们与家人朋友相处也是这个道理。

小贴士

嗑瓜子是一个把大目标细化为小目标的过程，每嗑一颗瓜子，都能立即得到一个瓜子仁，正是这种及时而迅速的反馈，让人们沉迷嗑瓜子而无法自拔。做任何事都是如此，合理安排计划，细化目标，及时反馈，正是成功的关键。

045

尖毛草效应

非洲草原上有一种尖毛草，旱季时只有几寸高，混在草丛里让人察觉不出任何异样。然而，当雨季来临，它就会在短短几天内蹿到两米以上，成为草原上的高墙。如果此时有人挖开它的根部，就会发现那长长的根茎足有二十多米。原来在过去的半年里，它从未停止过生长，一直在努力地向土壤里扎根，积蓄能量。这就是尖毛草效应，很多优秀的人在成功之前，都曾有过一段默默努力、向下生长的日子。

著名演员彼得·拉丁基获奖时曾说："我讨厌'运气好'这个词，它贬低了诸多的艰苦努力。"他曾一度穷困潦倒，因为身材矮小而受尽

没有特别的幸运，就要特别地努力

嘲笑，但是从未放弃做演员的梦想，直到 29 岁才凭借《权力的游戏》中"小恶魔"一角一炮而红。有人说他是运气好，而他认为这是对他这些年拼搏奋斗的否定。

或许，真的有不需要努力就能成功的幸运儿，但是对于大多数人来说，没有特别的幸运，就要特别地努力。

小贴士

若想获得成功，就要在忍耐寂寞的同时努力扎根。

046

贝尔纳效应

学会用多才多艺养一项专长

英国科学家贝尔纳是公认的天才,他的同事和学生们都相信,就天赋而言,贝尔纳应该不止一次获得诺贝尔奖,然而他一生无缘诺贝尔奖。因为他总是喜欢提出一个理论,然后送给别人研究,自己又忙着提出新理论去了,结晶学、分子生物学、大陆漂移说等方面的许多理论都有贝尔纳的功劳。他是一位多方面发展的天才,但是他无法成为任何一方面的专攻人才。

像贝尔纳一样的人还有很多,如著名画家达·芬奇不仅是"美术三杰"之一,更是优秀的科学家、工程师,还精通天文、地理、生物等,他画的机械工程图不比其艺术画作逊色。

  这样的发散性思维对于天才来说或许并非益事，但对于普通人来说却不算坏事。特长过于专一，很难在社会上立足，也极易被时代抛弃。我们可以选择多学一些专业技术，用这些来应付生活、累积资本，然后在其中选择自己最擅长、最有兴趣的一种进行深耕，如此才比较稳妥。

小贴士

  用多才多艺养一项专长，才是最适应现代社会的做法。

047

贝尔效应
每个人都可以活成自己希望的样子

美国学者贝尔提出，如果坚信自己会成功，就会在心中形成成功的愿景，从而有极大概率取得成功。不要小瞧这个自我暗示，其中蕴藏着巨大的能量，世间大多成功都从信念始。

英国作家夏洛蒂·勃朗特年少时爱上写作，但遭到了父亲的反对。父亲认为女孩更适合去学校教书，毕竟在当时女性几乎不可能靠写作维生。夏洛蒂十分苦闷，写信向当时的一位著名诗人请教。诗人回信道："这个行业很有风险，也不太适合你，你还是去做别的吧！"但是夏洛蒂深信自己在文学方面有天赋，不肯轻易放弃，最终写出了包括《简·爱》在内的很多传世佳作。

夏洛蒂的经历告诉我们，成功需要有明确的信念，有坚定的态度，积极采取行动，制定大小目标，勇攀高峰。当你用力往上爬时，总有一些人想把你往下拉，或是打着"为你好"的名义劝你放弃。通向成功的道路往往是孤独的，你更要热闹有光。

🧀 小贴士

为梦想奋斗是一个复杂且艰辛的过程，就像一场漫长的修行，需要极强的信念作支撑。

048

蝴蝶效应

蝴蝶效应可以算得上是世界上最知名的效应之一了。1963年,美国数学与气象学家爱德华·洛伦兹在一篇论文中提到了这个理论,他认为南美洲的一只蝴蝶偶尔挥动几下翅膀,就可以引起美国的一场龙卷风。也就是说,微小的变化就能引起千里之外的巨大连锁效应。

世间所有的事都息息相关,一件能够影响世界格局的大事,起因可能只是一件微不足道的小事。吴国和楚国的姑娘因为采桑叶在边境发生了争执,回去后告诉了家长。双方家长为了争一口气,各自带着亲朋好友来助阵,一个吴国人被当场打死。守城的官员知悉此事后,

触发不可挽回的结局

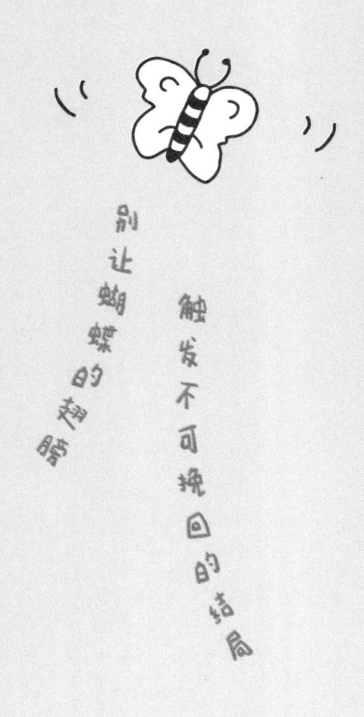

别让蝴蝶的翅膀

便率军队袭击了楚国的钟离城。钟离城被扫荡的消息传到了楚国王都，楚王当即下令，出动大军直接攻占了吴国的卑梁城。历史上著名的吴楚争霸由此爆发。

在一切开始之初，谁能想到一片小小的桑叶会引发这么严重的后果？

小贴士

要重视细节，更要懂得防微杜渐。

049

高原效应

给自己一些适应的时间

高原反应指人们到达一定海拔高度时，就会出现因缺氧而造成的头痛、胸闷、气短、发烧等症状，只要度过这段时间，这些症状就能自然缓解。而高原效应是教育心理学中的概念，指在学习过程中常常会遇到瓶颈，出现停滞不前或倒退的情形，等过了这段时间后，又会慢慢恢复正常，继续前进。

我们在学习的过程中，几乎都遇到过高原效应。那么，该如何处理这种情况呢？

我们首先要明白，此时强迫自己继续学习或加倍努力都是没用的，应该给自己缓冲和适应的时间，不要焦虑，等过了这个阶段，状态恢复了，成绩自然也就上来了。

在成长过程中，我们也会经历颓废无力的阶段，有人将其戏称为"间歇性踌躇满志，持续性混吃等死"，其实这都是高原效应的正常表现。毕竟，我们的每一次停歇都是为了积攒力量，再更好地出发。

小贴士

给自己的"高原反应"设定一个时间，在此期间安排好自己必须要做的事，除此之外就好好享受暂停，不要强迫自己努力，小心适得其反。

050 认知地图效应

美国心理学家托尔曼提出认知地图效应,意为不断强化对某个事物的认知,就可以在脑子里形成一张认知地图,因此也有人用"老马识途"来形容认知地图效应。

知识就像空气一样,无色无味,看不见也摸不着,但是只要坚持不断地累积,就会在无形之中绘制出一张认知地图。苏轼所说的"腹有诗书气自华",也是这个意思。

一个朋友从小热爱读书,甚至到了痴迷的程度。长大后,很多人一眼就能看出她是个爱读书的人。她问别人是怎么看出来的,别人说不知道为什么,就是觉得她身上有一股文人的

你只管努力，
命运自有安排

气质。后来,她成为图书编辑,在专业不对口的情况下,她凭自己脑海里的知识,在两年内独立策划了十几本书的选题,并且其中不乏畅销书籍。那些精彩的故事就那样自然而然地从她的笔端流淌而出,这让她自己都感到惊奇。

小贴士

妥善利用认知地图效应,重视学习积累的过程,就会有意外收获。

———— 兰波 ————

我的生命
不过是温柔的
疯狂
眼里一片海，
我却不肯蓝。

CHAPTER 3

事与愿违

不过是生活的常态

孤独

清醒

失眠

051

视网膜效应

生活中处处都是镜子

当你买了一辆红色轿车,会发现满大街都是红色轿车;当你买了一件无袖连衣裙,又会懊恼今年穿无袖连衣裙的人怎么这么多;当你买了一本新书,却恍然发现朋友圈有很多人在读……

这就是视网膜效应,当我们拥有一件东西或一项特征时,我们就更容易注意到别人是否跟自己一样拥有这件东西或具备这项特征。

有人说,生活是一面镜子,你对它微笑,它也会对你微笑;你对它哭,它也会对你哭。抬头见喜,低头观心,你所看到的即你所在乎的,你所关注的也是你已经拥有的。

如果你觉得一个人脾气很坏，那么反观自己是否也暴躁易怒呢？如果你多注意身边积极、正面的人和事，那么自己是否也可以变得正面、积极呢？既然我们更容易关注自己所拥有的，那么我们不如就利用这一效应，朝着正能量的方向自我引导。

> **小贴士**
>
> 多关注生活中正面、积极的事物，从中汲取正能量，再以身作则，将这种积极的力量反馈给身边之人。

052

逆火效应
为什么我们总是很难说服别人

当一个错误的信息被更正后,如果更正的信息与人们原本的看法相违背,人们则更容易相信这条错误的信息。这是因为,人们在被动接受与自己预期不符的信息时,有一种保护自己的原本观点和思想不受外来侵犯的本能,并且会理所当然地认为自己的观点才是值得信任的。比如在当下的网络环境中,一桩新闻发酵后,相关部门虽然及时进行了调查和辟谣,但是人们在看见官方辟谣后,反而更加相信谣言是真的了。

生活中,很多人在发现朋友的观点错误时,都会好心地提醒对方。然而,你的游说只会让对方更加坚定自己的想法是对的，甚至还会嫌你多事。对此，正确的做法是，如果他说1+1=8，你保持微笑即可。与其苦口婆心地去提醒更正，不如让对方在实践中自己寻找证据和答案，自己改变观点。

小贴士

不试图说服别人，是既不冒犯别人，也能保护自己的做法。

053

黑天鹅效应

黑天鹅效应是指毫无预兆发生的引起巨大负面反应和连锁效应的小概率事件。黑天鹅效应一般有三个特征,即意外、重大和连锁,与"灰犀牛效应"恰好对应。

这里还有个好玩的故事:17世纪之前,人们以为天鹅全是白色的。后来人们在澳大利亚发现了黑色的天鹅,非常吃惊,认为这简直颠覆了过去所有的认知。

人们只看见了白天鹅,就认为世界上所有的天鹅都是白色的,如果有人说天鹅也有黑色的,就会被嘲笑或烧死。但是,随着黑天鹅出现得越来越多,人们改变了看法,认为一切皆有可能。所以，很多我们还不知道的事情，并不代表它们不存在。

🧀 小贴士

1. 注意观察细节，捕捉蛛丝马迹，这些都是黑天鹅来临之前的提示。

2. 相信黑天鹅随时会来，学会提前做好应对准备。

3. 把黑天鹅当成灰犀牛，把意外事件当成常态事件来应对，不必惊慌。

你不知道的事情也许早就存在

054
黑羊效应

咪脐自己，不伤害别人

草原上有一群羊，全是白色的。突然有一天，羊群里新来了一只黑羊，领头的白羊在没有任何原因的情况下，开始攻击这只黑羊。而白羊们出于想讨好领袖的目的或从众的心理，对这只黑羊群起而攻之。

这种现象在人类社会中也屡见不鲜，通常都是一群人攻击一个人。而在类似的群体事件中，人们分别扮演三个角色：无辜的黑羊、挑头的白羊领袖和凑热闹的白羊。心理学家认为在这三个角色中，最恶的角色不是挑头的白羊领袖，而是凑热闹的白羊，也有人将其称为"持刀的屠夫"。

在各类霸凌事件中，每当有人挑头欺负某个人时，如果旁观者能够出言劝阻或出手相助，那么事情往往不会朝更坏的方向发展。但是如果旁观者选择盲目跟从挑头者，成为帮凶，助纣为虐，那么受害者就可能面临更严重的伤害。

人的一生有很大的概率会遇到"黑羊效应"。校园霸凌、职场中的孤立与针对、社交平台上的网络暴力、行业圈层中的集体讨伐等，都是典型的黑羊效应。

黑羊效应中的"白羊领袖",有时并未意识到这是一种严重的伤害行为,有的"白羊"甚至觉得自己是正义的一方,而"黑羊"往往也会在众人都反对自己时,第一时间去反省自己是不是有什么问题。

小贴士

我们一定要避免让自己成为低头的"黑羊",也一定不要做领头的"白羊",当然更不要去做"持刀的屠夫"。要知道在没有"黑羊"的情况下,"白羊"里面也可能会诞生"黑羊",因为在没有攻击对象的时候,喜欢斗争的人会从内部挑出软弱的人来发泄情绪。你确定你绝无可能成为不幸的"黑羊"吗?

055

责任分散效应

人越多，承担责任的人越少

1970年，社会心理学家开始研究责任分散效应，在之后十来年里，共进行了60组以上的实验，均证明：在场人数越多，受害者得到帮助的可能性就越小。如果在围观人群中有消极的人劝阻，甚至可能没有人会挺身而出。

多年前，有这样一则新闻，一个女孩下夜班回家，走到小巷子里遇到了劫匪，于是大声呼救。巷子两边的单元楼基本都亮着灯，但是没有一个人挺身而出。

后来记者在走访中了解到，单元楼的住户并非冷漠无情，而是他们都认为动静闹得这么大，肯定会有人下去救她的，不需要自己出手。

最典型的是,当时楼上的一位大哥本已准备下楼看看是怎么回事,但他的妻子劝阻道:"你看亮了这么多灯,肯定很多人都下去帮忙了,少你一个也没关系,何必跑一趟?"

所有人都以为别人会去帮忙,轮不到自己,结果却是无人出手。这就是责任分散效应在现实生活中的体现。我们换个角度想,如果当晚有人喊失火,下楼的人一定很多,因为失火涉及围观者的自身利益。

> **小贴士**
>
> 生活中,为了避免出现责任分散效应,就要制定明确的追责制度,将责任落实到个人头上,并将结果与个人利益挂钩。特殊情况下,可以实施饱和式责任制。

056

闭门羹效应

自古情深留不住，唯有套路得人心

鲁迅先生曾说："中国人的性情是总喜欢调和和折中的。譬如你说，这屋子太暗，须在这里开一个窗，大家一定是不允许的。但是如果你主张拆掉屋顶，他们就来调和，愿意开窗了。"

闭门羹效应是指先提出一个比较过分的要求，在对方拒绝后，再提出一个折中的要求，对方就会同意。但实际上，这个后提出的要求才是提要求者的真正目的。

这个效应经常被应用在商业谈判中。两方交锋，一方先提高报价，让对方有个较高的心理门槛后，再提出一个折中条件，消除对方的心理防线，谈判便达成了。

生活中，闭门羹效应也十分常见。数码公司推出一款新手机，由于定价太高，多数人只能望而兴叹。在一次全网大促中，该品牌对外宣称总裁签约价可以打八折，很多平时舍不得购买的年轻人蜂拥而上，还以为捡了大便宜。殊不知，这款手机的内部定价其实就是市场价的八折，只不过是用了点营销手段，换了个说法而已。

小贴士

看透闭门羹效应的本质并加以利用，既可以让自己免于掉进陷阱，又能提高办事效率。

057

鸟笼效应

当心,不要被鸟笼困住

1907年,美国杰出心理学家詹姆斯从哈佛大学退休,和他一起退休的卡尔森是著名的物理学家。有一天,詹姆斯跟卡尔森打赌说,会让他不久就养上一只小鸟。卡尔森教授当然不信。

第二天，詹姆斯送了卡尔森一只精致的鸟笼，并故意说："我只是送你鸟笼，可不是让你养鸟的哦。"卡尔森当然不会在意，顺手将鸟笼挂在了客厅。

自此以后，每个到访的客人看见鸟笼，都会问卡尔森："小鸟去哪儿了？"被烦透了的卡尔森没有办法，只好去买了一只小鸟放在鸟笼里，这才让到访者们不再发问。

这就是著名的鸟笼效应，也被称为人类难以摆脱的十大心理效应之一。鸟笼效应是指人们在偶然获得一个东西后，会陆续加购很多与之匹配的东西。

鸟笼效应在日常生活中也很常见。比如，朋友送了你一条漂亮的项链，没多久你就想买个精致的首饰盒来配它。但高档的首饰盒放在现在的化妆台上，看起来很不搭调，于是你开始计划换个新的化妆台。

新化妆台买回来后，问题又出现了：它与其他家具的风格不够一致。那么，是不是得把家具全换了才能匹配？就算真的换了全部的家具，更多的问题也会接踵而至，比如，卧室太小、墙纸太旧等。越看越难受，要不干脆换个更漂亮、豪华的大房子吧。

当然，即便换了房子，鸟笼效应也没有结束，换了房子难道不换车吗？换了车，难道不提升一下自我形象吗？随着新的物品不断增多，新一轮的鸟笼效应又开始了。

小贴士

鸟笼效应可以在一定程度上促进我们各方面的发展和提升，但是千万不要做鸟笼的俘虏。

058

破窗效应

不要轻易打破任何一扇窗户

破窗效应是犯罪学的一个理论，指的是如果不对环境中的不良现象加以制止和监管，就会有更多的人效仿，使事态发展到极其恶劣的地步。就像一栋楼的一扇窗户破了，长时间无人修理，就会有更多的人来破坏其他窗户，甚至还会闯入楼内进行破坏。

这里还有一个问题需要我们思考，如果真的发生了破窗效应，应该如何划分责任？是破窗人的责任，还是监管人的责任？

这个世界上任何事物都有其存在的意义，窗户破或不破，修或不修，都是主人自己的事情，与他人无关。如果有人觉得一扇窗户破了无人维修，就可以去砸毁其他窗户，那么这是品格和心术的问题，不是认知深浅的问题。也就是说，这些人不是因为蠢才去做这种事，而是因为恶。

我们以网络暴力为例：最初只有一个人对受害者施加暴力，但因无人制止和干涉，更多不明状况且"富有正义感"的围观者也会加入，最后演变成集体向受害者施暴。

所以，在网络暴力事件中，除了施暴者外，那些视而不见的围观者，同样也是暴行的参与者和促进者。但凡在暴力实施时，有人进行阻止和监管，就不会让暴行持续进行下去。

小贴士

无论如何，不要做第一个打破窗户的人，在彻底弄清事情的前因后果之前，更不要做跟着砸窗的人。反之，当你的窗户被打破时，为了避免更多的窗户被打破，一定要及时修补。

059

杜利奥效应

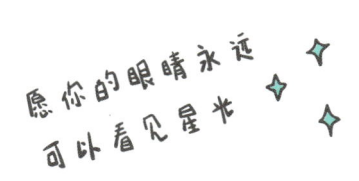

愿你的眼睛永远可以看见星光

美国自然科学家、作家杜利奥说过:"没有什么比失去热忱更使人觉得垂垂老矣。精神状态不佳,一切都将处于不佳状态。"

如果你对生活充满热忱,任何困难都打不倒你;如果你能保持积极乐观的心态,那么处处都是美妙的风景;如果你对一切失去兴趣,生活也将随之失去全部意义。

作家塞尔玛的丈夫是一名军人，为了陪伴丈夫，她也随军驻扎在沙漠中。那里没有熟人，语言不通，丈夫要在军中演习，也不能陪伴她。她认为这里简直是一座牢笼，于是难过地给父母写了一封信。

父亲给她的回信里仅仅只有两行字，却改变了她的一生："两个人从牢房的铁窗望出去，一个看到的是泥土，另一个却看到了星星。"

塞尔玛重新调整和安排了自己的生活，她开始研究纺织、陶器和沙漠植物，观赏日落，寻找海螺壳，……她的生活重新燃起了希望。最终，她将这一切记录了下来，并为其取名为《快乐的城堡》。

任何人都无法帮助你从心笼的束缚中走出来，除非你自己愿意并主动挣脱束缚。走出来后你就会发现，这个世界上任何牢笼都无法关住你。

心有星辰大海，繁花似锦，眼睛里就能看到一切美好的东西；如果心中全是干涸、死灰与绝望，就算你身在百花丛中，也只会触景生情，暗自落泪。

那么，你是愿意看见泥土，还是愿意看见星星呢？

> 🍀 小贴士
>
> 没有什么比失去热忱更使人觉得垂垂老矣，理想的生活需要一点热爱和心动。无论看到的是泥土还是星星，其实都取决于自己的内心。

060

巴纳姆效应
赞美是成本最低的成功利器

美国马戏团演员巴纳姆曾说,他的杂技之所以受欢迎,是因为这些杂技包含了大多数人喜欢的元素。后来引申为当人们含糊、笼统、广泛地描述一些人格特点时,很多人常常会产生代入感,觉得说的就是自己。心理学家保罗·米尔将这种现象称为"巴纳姆效应"。

这种效应非常适合运用在社交活动中。无论是职场、情感,还是社会层面的人际关系中,要想快速与对方建立联系,获得好感,维持良好关系,学会表扬对方是成本最低的成功利器。

那么,该如何不露痕迹地赞美对方呢?

这就要运用到巴纳姆效应了。哪怕你对对

方了解不多，只要把握住以下几个原则，也一样可以成功。

首先，含糊笼统地赞美对方。当你对对方不了解却又想靠赞美快速与对方建立联系时，不如列举出某些概括性的优点，如：你今天可真漂亮！

其次，细节化、具体化。为了表达诚意，可以适当地将概括性优点细节化、具体化，如：这副耳环真的太称你的气质了！

最后，投其所好。如果对方事业有成，可以据此进一步细化优点，投其所好，如：一直以为你只是在商业上成绩斐然，没想到你在艺术上也如此有造诣！

小贴士

简单来说，巴纳姆效应就是利用模糊的描述让人产生高度的自我认同感。生活中，我们应该清晰地认识自己，避免受巴纳姆效应的影响，但是在社交中，我们也可以正面利用巴纳姆效应，快速拉近距离。

061

诱饵效应
诱饵随处可见，请永葆初心

　　高档酒店推出了下午茶套餐，一杯咖啡加一块蛋糕的套餐标价为199元。当顾客觉得价格很贵，犹豫不决的时候，服务员一定会告诉他如果单点，咖啡129元一杯，蛋糕79元一块。于是顾客立刻发现还是套餐划算，然后毫不犹豫地点了套餐。

　　很明显，服务员抛出了诱饵，而顾客就是那条上钩的大鱼。

　　生活中，这样的诱饵效应时刻都在发生着。当你面对两个选择犹豫不决时，第三个选项的出现，会诱使你在原来的选项中快速做出决定，而这第三个选项就是诱饵。当你被诱饵迷惑时，是否还记得你最初的"目标选项"?假如你只想喝一杯咖啡,不想吃蛋糕,为什么最终还是买了这个套餐?

在你觉得自己拣了便宜的时候,是否有想过如果你坚持己见只选择一杯咖啡,那么只需要支付129元,而你受到诱惑额外买下的蛋糕,其实是没必要的浪费。

除此之外,打折、买一送一、充值优惠等都属于诱饵效应。当你觉得自己占了便宜的时候,有可能是吃了亏却还不自知。

小贴士

购物的时候要想避免被诱饵效应击中,可以先思考三个问题:

1. 这是不是我最初的目标选项?
2. 不买这个东西是否对我的生活有影响?
3. 这是现在必须要买的东西吗?

062

二八定律
用 20% 的精力活出 80% 的精彩

二八定律又叫帕累托法则，属于管理学范畴，由罗马尼亚管理学家约瑟夫·朱兰提出，以意大利经济学家维尔弗雷多·帕累托的名字命名。帕累托曾提出过一个著名的研究结论：20%的人口掌握了 80% 的社会财富。这就是著名的二八定律。

虽然已过去了一百多年，但是这条定律仍适用于现在的社会，以及我们人生中遇到的大部分问题，如时间管理、商业模式、企业管理、财富（资源）分配、客户管理、人生规划等。

汉乐府《西门行》中有这样一句话："人生不满百，常怀千岁忧。"意思是人生不满百岁，却常忧虑千年以后的事。

人的一辈子并不长，时间、精力甚至情感都是有固定配额的，删除一些难过，才能容纳更多快乐。因此最理想的状态是，减少自我消耗，将精力集中在 20% 的重要事情上，才能更精准、更有效率，人生状态才会更舒服，幸福指数也会相应增加。

> **小贴士**
>
> 学会用 20% 的精力活出 80% 的精彩，享受有意义的人生。

063 波纹效应

小石头也能 激起千层 浪

我们向平静的池水中扔进一颗小石头,会荡起一圈一圈的波纹向远处扩散,这就是波纹效应的由来。

在网络时代,波纹效应则更为常见。网络世界的是是非非,大多由一言半语引起,其扩散面却十分广泛,像波纹一样,一圈一圈地从虚拟世界扩散到现实世界,甚至会引起国际效应,无法预料,也无法控制。

最常见的是明星之间的争执,最终导致二人各自庞大的粉丝群体开始"互掐"。往往还会由网络衍生到现实生活中,影响该明星的商业活动及事业,甚至危及前途。

然而,随着新媒体的发展,"素人"也容易遇到这种情况,稍不留意,便可能被推到聚光灯前,成为众矢之的,在网络上激起千层浪。无论是正面的还是负面的,最终都会影响我们的现实生活。

小贴士

让一杯浑浊的水变澄清的办法,就是停止搅拌。及时切断不良信息,回归生活本质,才能让波纹不再扩散。

064

食盐效应

盐虽好吃,
不可过量哦

食盐是生活中必不可少的调味料,不仅对菜的味道起了决定性作用,还能补充人体所需的微量元素。但是,一道菜需要添加的盐应适量,加得过多或过少,都会让人无法接受。

人生的很多事情亦是如此，都需要掌握"度"。无论是职场上的同事，还是生活中的朋友、家人等，我们在处理人际关系的问题上也如放食盐一样，需要适度适量，走得近了容易产生是非，走得远了容易伤感情。

不过，人非机器，对于尺度的把握很难做到分毫不差。那么我们该怎么做呢？或许可以换个角度想想，在烹饪时是食盐放少了比较能忍受，还是放多了比较能忍受？

食物少盐，会过于寡淡，但无伤大雅；食物多盐，就容易让人难以下咽。在人际关系中也是一样的，关系过密，容易出现裂痕，而平时联系不密却能在关键时刻给予对方支持，才是较为成熟的相处模式。

小贴士

庄子说："君子之交淡若水，小人之交甘若醴。"在人际交往中遵循适度适量的原则，会令彼此都感到舒适。

065

墨菲定律

墨菲定律与帕金森定律、彼得原理并列为世界最著名的三大心理学效应。1949年,墨菲定律由美国工程师爱德华·墨菲提出,又叫墨菲法则。彼时,还是空军上尉的爱德华·墨菲说:"如果一件事情可能朝坏的方面发展,那么不用担心,这件事一定会变得更坏。"这句话后来被引申为,任何负面事件只要具有大于零的概率,就不能假设它不会发生。

如此听来,是不是有种宿命论的感觉?

有一位作家写了这样一个故事:一位现代人穿越到了唐朝,成为太子李建成的门客。他好心提醒李建成,某月某日,李世民要发动玄

怕什么来什么，才是常态

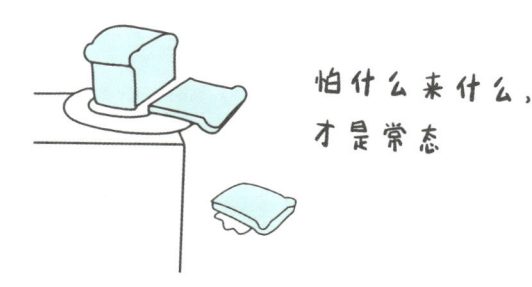

武门兵变，一定不要从此门经过。李建成本已准备走另一道宫门了，听到这话反被激起了好胜心，说道："我不信老二敢杀我，我偏要从玄武门走。"他调转马头，直奔玄武门，毫无意外地成了刀下亡魂。

故事虽然是虚构的，但是用墨菲定律也能解释得通。

小贴士

有的时候不是我们做得不够好，而是墨菲定律在作怪，无论怎样做最终还是会出错，不如放平心态，接纳错误。

066

泡菜效应

与什么样的人交往，
你就是什么样的人

将相同的蔬菜浸泡在不同的水中，再分别煮熟，味道是完全不一样的。泡菜效应揭示了环境对人的影响及其重要性。

《孟子题辞》中有一则关于孟母三迁的故事，讲的是孟母为了给年幼的孟子营造良好的环境，接连搬家三次。可见，环境对孩子的影响是巨大的。生活在混乱吵闹的家庭中，孩子容易养成不良习惯；生活在安静有序的家庭中，孩子往往也知书达理。除了家庭环境，学校环境也很重要，校风正的学校对孩子的德智体美劳全面培养十分有益。

其实不只是孩子，成年人也容易受环境影响。我们所处的环境由各种不同的圈层组成，包括好友圈、同事圈等。物以类聚，人以群分，判断一个人的品行，看他所处的圈层就够了，经常来往的朋友中都有什么人，他就是什么人。

小贴士

近朱者赤，近墨者黑。与什么样的人做朋友，你就会变成什么样的人。

067

摩西奶奶效应

美国画家摩西奶奶，75岁才开始学画画，80岁举办个展，是真正大器晚成的艺术家。所以，一个人什么时候都不要放弃挖掘自己的潜能，就像摩西奶奶那样，只要想做一件事，什么时候都不晚。

追梦，什么时候都不晚

当下很多人对年龄的理解一直有偏差。22岁走进社会，开始了忙碌的人生，被工作压得喘不过气来，没有时间追求自己喜欢的事物，总觉得等以后有时间了再顾及爱好也不迟。然而熬到了50岁，终于有钱也有闲了，又会给自己找借口，都这把年纪了，还去做这些事情，会不会太晚了？

一位令人尊敬的长辈，在退休后过了一段迷茫的日子。在家人的鼓励下，她进入社区的老年大学，开始学习书法和国画。她就像小学生一样，从练笔开始，直到后来开办画展，用了大概10年的时间。我一直认为，做自己喜欢的事，不该受时间和空间的限制。

小贴士

20岁很好，30岁也不错，50岁可能会更好，只要皱纹不长在心里，你就永远风华正茂。只要你愿意，现在开始就是最好的时机。

068

武器效应

1978年，著名社会心理学家伯克威茨做了一个实验，他派助手故意制造挫折情境，激怒被试者，然后安排一个机会，让他们可以对激怒自己的助手实施电击。电击时有两种情境：一种是看到桌子上放着一支左轮手枪，另一种是看到桌子上放着一支羽毛球拍。最终，看到手枪的被试者比看到羽毛球拍的被试者实施了更多次电击。

通过这个实验，伯克威茨总结出了武器效应，即人的挫折并不直接导致侵犯，只会产生侵犯行为的情绪准备状态——愤怒。侵犯行为的发生，还要依赖情境侵犯线索的影响，与侵犯有关的刺激会使侵犯行为得到增强。

　　武器为正处于愤怒中的人提供了更多的行为暗示，对其侵犯行为起到了推波助澜的作用。因此，保护自己的办法就是躲避武器效应，不要让自己拥有武器。

武器能保护你，也能伤害你

小贴士

有的时候，认怂不是吃亏，而是自保。

069
酸葡萄效应

保护自己，
不伤害他人

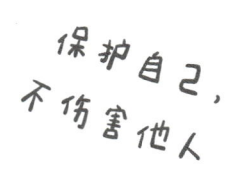

《伊索寓言》中有一个广为流传的故事，讲的是狐狸想吃葡萄，奈何架子太高够不着，于是它一边流口水一边自我安慰道："反正葡萄是酸的。"说完，狐狸心安理得地离开，去寻找新的食物了。中国民间也有一句类似的俗语"吃不到葡萄说葡萄酸",指的是当人们的需求无法满足的时候,便会编造一些理由来自我安慰,避免自己被挫折、失望的情绪困扰。这属于一种自我保护机制。

这个故事一般被认为是负面的,对于酸葡萄效应,我们应该从更客观的角度来看。我们的一生会遇到无数挫折,如果一直纠结想要而得不到的事物,将会多么痛苦。不如学着狐狸的样子自我安慰,然后潇洒离开,转身去寻找更好、更适合、更值得的事物。

然而,负面的酸葡萄效应通常是指一些"得不到便诋毁"的行为,多因嫉妒心理而生。因嫉妒产生愤恨,从而去造谣诋毁对方,给对方造成心理压力和伤害。

小贴士

酸葡萄效应具有正反两面性,愿我们都想得明白,活得明白,保护自己,不伤害他人。

070

甜柠檬效应

甜柠檬效应和酸葡萄效应是对应的，指的是人们在追求预期目标失败后，依旧认为自己是最好的，从而达到心理平衡。这也是一种自我保护机制。

"人们认为世界上的柠檬都是酸的，但是我坚信我的柠檬是甜的。"做出这样的选择，就如同站在所有人的对立面，这需要莫大的勇气，可能会遭到围攻、嘲讽和伤害，但是你要相信自己，坚定且勇敢。

在全世界都要求你放弃的时候，你更要相信自己可以到达理想的彼岸，并且坚持认为自己的柠檬是甜的，以此给予自己安慰和信念。

坚信自己是最**甜**的那个柠檬

在外界压力之下，发奋图强，努力践行自己想做的事，直到成功。利用甜柠檬效应保护自己、激励自己，就是最棒的心理战术。

生活中，我们要学会及时改变态度，淡化目标，以此提高自信心。同时学会享受过程，在事情与预期不相符时换个角度思考，学会自我接纳。关注现实，享受当下，才能做到自在自如。

小贴士

别人怎样看你不重要，重要的是你要喜欢真实的自己。请相信，你很好，你就是最甜的柠檬。

071

棘轮效应

由俭入奢易，由奢入俭难

棘轮是一种只能单向转动的齿轮，棘轮效应指的是人们的消费习惯形成之后有不可逆性，消费习惯向上调整很容易，向下调整就难了。北宋文学家司马光在写给儿子的一篇家训中提到："由俭入奢易，由奢入俭难。"意思是从节俭到奢侈容易，从奢侈到节俭困难。

商纣王在登位之初十分勤政，天下人都为有这么英明的国君而感到高兴。一日，纣王命人用象牙做了一双筷子，叔叔箕子见了劝他不要再用，纣王不以为意，满朝文武也不在意。箕子却忧心忡忡，认为今日纣王用象牙筷子吃饭，明日就不会再用土制的碗碟，从此顿顿美酒佳肴，日日绫罗绸缎，大兴土木，荒废政业。不出五年，箕子的话就应验了，纣王的骄奢淫逸导致了商朝的覆灭。

这个故事讲的正是棘轮效应，如今越来越多的年轻人过度依赖信用卡和网贷，也是棘轮效应的体现。

小贴士

正视自己的欲望并学会控制欲望，根据自身经济状况合理消费，警惕超前消费的陷阱。

072

布里丹毛驴效应

法国哲学家布里丹养了一头小毛驴,他每天都要向附近的农民来草料来喂毛驴,每次一捆,刚好够小毛驴吃。这天,农民无意间送了两捆相同的草料来,放在小毛驴身边。小毛驴在两捆草料之间犹豫不决,无法做出选择,最终竟活活饿死了。人们将这种现象称为布里丹毛驴效应。

我是一个选择综合征患者,曾为了购买一瓶化妆水在几个商场转悠了四五个小时,最终因为无法决定而放弃购买。社会上很多人有选择综合征,如何解决这一难题呢?有个同事曾说:"是贫穷限制了我们的选择,如果有钱,市场上所有的化妆水每样买一瓶,就不用选择了,或者只选最贵的就行了。所以说,小孩子才做选择,成年人全部都要。"

小贴士

成年人应该在能力允许的范围内洒脱一点,宁愿全部都要,也不要做因犹豫不决而饿死的小毛驴。

小孩子才做选择,
成年人全部都要

073

火鸡效应

不要被生活的假象迷惑

一只火鸡被关在笼子里,每天都有专人来投喂美食。它渐渐对喂养的人产生了好感,也感觉生活的环境真不错,甚至觉得此生为鸡非常美好,别无他求。在这只火鸡的眼里,生活就是岁月静好,现世安稳。

感恩节到了,肥肥的火鸡被抓出笼子,送进烤箱,成了节日餐桌上的一道美食。这时它才明白:原来,一切并不是它想象的那样美好和幸福。

火鸡效应在现实生活中也十分常见。比如,某国企员工下岗后失声痛哭,说自己待了二十多年的岗位,一下子被机器取代,不知道接下来要去做什么,因为他什么也不会,已经失去了生存能力。

再比如,某互联网企业大量裁员,导致很多中年人不知何去何从,有些原来写代码的技术人员,只得放弃原本的理想去做外卖骑手。在社会这个大笼子里,我们何尝不是一只被投喂了多年,自以为岁月静好的火鸡?

不要过度相信和依赖身边的人,要做独立

的个体。尤其是不要把自己的身家性命轻易交到别人手上，因为你的过往经验不足以让你看清楚每个人，时间会变，环境会变，人心也会变。屋檐再大，不如自己有伞，哪怕大雨倾盆，也能自如地行走于世间。

小贴士

无论什么时候，都不要把鸡蛋放在一个篮子里。从多方面来培养自己，多接触不同的领域，紧跟时代，无论环境如何改变，我们都能适应这个多元化的社会。

074

韦奇定律

对于一件事情,很多人可能都有自己的独立见解,但是如果有十个人跟他意见相反,那么他极有可能改变自己的想法。这是美国经济学家伊渥·韦奇提出的定律,因此被称为韦奇定律。

曾有人根据这个定律提出了有趣的看法:在公共事件的表达中,意见统一、人数较多的那一方大概率是错的。而那些睿智且有独立思考能力的人,本来已提出了正确的看法,但是看到对立面的人数较多,就会质疑自己的想法,甚至决定服从大多数,从而失去了思考和判断能力。

我们都知道,在判断一件事情时,不应看人数的多少,而应看谁是正确的、公正的。但是,在实际生活中我们往往会受韦奇定律的影响，做出与之相悖的选择。

比如，你准备辞职创业，问了身边十个朋友的意见，他们都表示不看好，苦苦劝你不要辞去安稳的工作去冒险，你是否还会坚持做自己想做的事情？

如果你暂时还没想清楚，可以看看下面这两个问题再决定：

第一，你咨询的这十个朋友里，是职员较多还是创业者较多？是生活不如意者较多还是成功者较多？他们以往的经验是否可以给你公正的建议？

第二，你是听从人多那一方的建议，还是听从对的那一方的建议？

怎么样，你的心里是否已经有答案了？

小贴士

保持众人皆醉我独醒的状态是一件困难的事情，还可能招来围攻。但要记得，不管周围的声音如何嘈杂，为自己想做的事而努力永远没有错。

当所有人都反对你时，
该不该坚持自我

075

乐队花车效应

乐队花车效应是指人们在参加花车游行时，只要跳上载有乐队的花车，就可以轻松地听着音乐，随着主流人群到达目的地。因此，这个效应又叫主流效应和从众效应，过去常常被运用在商业广告中。

乐队花车效应省去了独立思考的过程，可以更简单便捷地到达终点。人们潜意识里认为跟随主流应该不容易出错，毕竟大家都这样做，而坚持自我的犯错概率则相对较高。还有的人本来很坚定，但是被质疑得多了，或是看到对立面的人数过多，就会动摇，选择妥协。同时，跟随主流意见也更容易获得融洽的人际关系。

不盲目从众，也不脱离群众

但是随着社会发展，人们越来越重视自我感受和独立表达，因此乐队花车效应也有了另一层含义，有时候多数人相信的事物不一定就是正确的。

无论什么时候，我们都要保持独立思考和辩证看问题的习惯，不要轻易地因为反对意见而质疑自己，更不要因为对立方人数多而妥协。

小贴士

有的时候，选择人数多的那一方，错误的概率反而比较大。所以只选正确的，无论选择者的多少。

奈莉·萨克斯

心总要狠命燃烧一下，才配得上一把灰烬。

CHAPTER 4

焦虑是自由引起的眩晕

手足无措

喘不过气

精神内耗

076

野马效应

不要让情绪
毁了你的人生

非洲有一种蝙蝠，非常喜欢叮在马腿上吸血，被叮咬的野马会非常愤怒，不停地踢腿、狂奔，想通过一系列大幅度的动作将蝙蝠甩下来，但是直到它们精疲力竭，倒地而亡，那些蝙蝠仍纹丝不动，继续吸血。这就是著名的野马效应。

小小的吸血蝙蝠不足以致命，是野马的过度愤怒坑害了自己。

遇到这种情况，解决办法有很多种，比如就地打滚儿、蹭泥土或水潭泡澡等方式都能赶走蝙蝠，为什么非要选择愤怒奔跑这种无用且伤害自己的方式呢？

在生活及职场中也是如此,通常打倒我们的不是问题,而是情绪。在这里,"问题"有两个属性:一是来自外界;二是微不足道。"情绪"也有两个属性:一是被过度放大;二是会伤害自己,造成严重后果。事情不会压垮人,但情绪会。

小贴士

生活中遇到问题是正常且不可避免的,所有人都一样,坦然对待即可。学会管理情绪或转移情绪,不在愤怒时做任何决定,不让愤怒持续超过半小时。同时,学会借用外力,巧妙解决问题。

077

避雷针效应

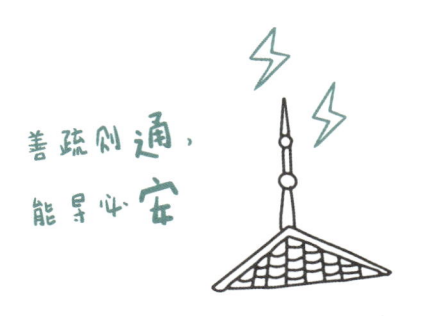

善疏则通，能导必安

　　高大的建筑更容易遭受雷电的攻击，后来人们想到一个办法，在高楼顶端安装一个金属棒，在地下装一块金属板，将二者用金属线连接起来，使空中的电流导至地面，从而达到避雷的效果。

有了疏散和引导，雷电就不会再破坏大楼。而世间的其他事情，又何尝不能靠疏散和引导来解决呢？

当代社会生活节奏过快，压力过大，很多人都会觉得喘不过气，负面情绪积压在心里，如果不加以疏导，时间久了必成大患。所以，我们除了要定期体检，保证身体健康外，也需要定期疏导情绪，调整心态，及时把负面情绪发泄出去，维护心理健康。

在感情中也是如此，两个人一起生活得越久，累积的埋怨也就越多，虽然都是鸡毛蒜皮的小事，但如果某天出现一个导火索，就会引爆一场大战争。这时候再去解决，其难度不亚于灾后重建。

小贴士

人生没有过不去的坎儿，只有过不去的心态。平时有事就解决，有压力就疏导，大事化小，小事化了，让负面情绪化为无形。

078

反刍思维

反刍是指牛和骆驼等大型食草动物喜欢把半消化的食物由胃里退回嘴里再咀嚼的过程。反刍思维一般也叫反刍式思考,意指在负面事件发生之后对个体持续产生的负面影响。

也可以理解为,当我们经历了糟糕的、负面的事件后,非常容易反复、被动、不受控制地思考这件事情,还会深陷其中不能自拔,甚至会遭受更多、更持久的伤害。

我们遭受的创伤其实并不是来自事件本身,而是事件带来的消极影响,即使事过境迁,仍无法释怀,那些痛苦的回忆不断在脑海中反复上演。

越想越难过，越想越生气

　　不知道大家有没有想过，两人分手的时候，最难过的是分手的一瞬间，还是分手后的那些日子？

　　我们可以问问自己：分手后，是不是经常怀念过去的美好日子？反复去想对方为什么离开我？遗憾有些事还没来得及与对方一起完成？

一般来讲，分手造成的伤害不会超过三小时，但是分手后胡思乱想造成的次生伤害，可能三年都不能痊愈。从分手的那一刻开始，一切都已成为过去式，但是反刍思维却将伤口反复揭开，痛苦源源不断地累积叠加。

小贴士

1. 学会疗伤。给自己设定一个有限的时间和空间用来反刍，可以难过，但是只能难过三天；可以郁闷，但是不可以伤害自己。
2. 学会停止和转移。先停止做让自己产生负面情绪的事情，将精力转移到美好的事情上。从旁观者的角度正视这件事，不胡思乱想，不让事态发散，不扩大伤害性。
3. 相信时间。在完成前两点后，尽量平复情绪，将剩下的都交给时间，伤口总会慢慢愈合，爱与不爱都该落落大方。

079

刻板效应

不要让偏见影响你的决策

苏联社会心理学家包达列夫做过一个实验：将一个眼睛深凹、下巴外翘的人的照片，分别发给两组实验对象。他告诉其中一组人，照片上的人是个罪犯，又告诉另一组人，照片上的人是个学者。随后他分别询问这两组人对此人的看法。

结果第一组人都认为，这个人眼睛深凹，面相凶残狡猾，看起来就不像个好人；而另一组人却说，这个人眼睛深邃，一看就很有学问和思想。但实际上，这个人既不是罪犯，也不是学者。

刻板效应在日常生活和人力资源管理中经常出现，刻板效应的形成主要是因为人们对个体、群体做出了过于简单化的分类，也就是说人们容易根据片面的观察得出过于简单粗暴的结论。而在同一社会或同一群体中，刻板印象往往有着惊人的一致性，人们的判断与其所在的群体和圈层的判断基本一致，换句话说，人们对他人的所有印象，皆来自于自己的认知。但在刻板效应的影响下形成的观点多是偏见，甚至是完全错误的。刻板效应一旦开始影响人们的行为和决策，就会造成错误的结果。

因此，我们要时刻告诉自己，以自己的学识和认知，不足以全面了解一个人，要避免以偏概全。我们还要时刻保持独立思考的能力，不被身边的人影响。如果我们发现自己已经对某人或某事产生了刻板印象，也不要让偏见和歧视占据思想，影响判断，不然极有可能造成严重后果或无法挽回的损失。

小贴士

刻板效应虽然可以在一定范围内帮助我们进行判断，节省时间与精力，但是它会让我们忽略个体的差异性，形成偏见，造成不良后果，所以要时刻警惕并及时纠正刻板效应。

080

旅鼠效应

旅鼠是生活在北极的一种鼠类,比普通的老鼠要小一些。每当旅鼠族群数量过于庞大的时候,就会出现生存资源短缺等问题。此时,旅鼠会变得惊慌失措,甚至绝望地一个接一个往海里跳。后来人们将旅鼠效应运用在投资市场,最常见的现象就是,当股市暴跌时人们集体抛售,由此导致股市行情更差。

旅鼠效应是典型的"由心理决定行为,由行为导致结果",最基本的特征是由压力引起小面积的恐慌,从而引发大面积的焦虑,使情况愈演愈烈,最终导致集体做出负面行为。

虽然生活在和平年代,但是每过几年就会

不要 放大 內心的惶恐

出现一些传得沸沸扬扬的谣言,说天灾人祸将至。有的人听信了谣言,生怕出现物资短缺的情况,便跑到超市去抢购生存必需品,比如曾经出现过的哄抢食盐、板蓝根、矿泉水、米和油等现象。毫不夸张地说,我们家三年前抢的盐,到现在都还没吃完呢。

小贴士

做好前期准备,不放大外来压力,不过分信赖集体趋势,辩证独立地思考问题。

081

白熊效应

实在躲不掉，就直面脑海里的那只白熊吧

　　美国心理学家丹尼尔·魏格纳做过一个实验，看似简单却充满哲思。他要求参与实验的人不要想象白熊长什么样子，但在听到他的话后，本来根本没有想象白熊的人，脑海中立刻出现了一只白熊。

越是不让你去想,你就会想得越多、越详细、越离谱;越是告诉自己不要去做某件事,可能反而会促使自己真的去做了这件事。当你遇到一件不好的事情,告诉自己千万不要再想这件事了,反而满脑子都是这件事。当你告诉自己不要拖延,反而拖延得更久了。当你暗下决心在工作中大胆自信,反而在遇到问题时逃得更快了。

你的大脑里是否装了太多天马行空的想法,它们时好时坏,让你不堪重负?

认真想想,这种自我消耗比内卷更可怕。

小贴士

想要摆脱白熊效应,几乎不可能,但我们可以试着做情绪的主人,学会调节情绪。当有人告诉我们不要去想一只白熊的时候,既然无法做到不去想,那么不妨直面脑海里的那只白熊。直面负面情绪,彻底扔掉包袱,才能轻松前进。

082

情绪效应
情绪是利刃，也是工具

智者在城外遇到死神，问他要去做什么。死神回答，要从城中带走 100 个人。智者闻言，抢在死神前赶到城中，站在广场上大声通知大家："死神要来了，要带走 100 个人，请大家提前做好准备，赶快逃命。"

结果第二天，智者听说城里死了 1000 个人，便责怪死神不守信用。

死神说："我的任务是带走 100 个人，而另外 900 个人是被你提前放出的消息吓死的。"

实际上，情绪效应每天都在影响我们的生活，甚至决定着我们的大部分选择。愤怒、焦虑、恐惧、嫉妒、抑郁、悲观等负面情绪，容易让人在压抑或冲动之下,做出不合时宜的选择。而愉快、喜悦、轻松、欢喜、幸福、兴奋、美妙等正面情绪,则会给人带来正向的选择和效果。

被负面情绪掌控的人容易做出错误的决定,或者干脆放弃某件事;而被正面情绪包围的人无论遇到什么样的困难,都积极面对和解决,不轻言放弃。

> 小贴士
>
> 情绪是一把双刃剑,可以伤人,也可以助人,取决于持剑人的态度。

083

漩涡效应

当你平静下来，
心里的漩涡也会停止转动

由于地转偏向力的作用,水流遇低洼处容易形成螺旋形水涡,也就是漩涡。江河湖海中都有漩涡,而且这类漩涡通常十分危险,它所产生的吸力十分强劲,越靠近漩涡,吸力越强,就像是水中的黑洞一般。船只一旦陷入,就很难逃脱。

除了水流,气体、经济等存在螺旋运动的领域都会形成漩涡,就连情绪也不例外。当人们犯下第一个错误时,就会产生懊恼、悔恨、埋怨、仇恨等负面情绪,从而导致第二个、第三个、第四个错误……

在生活中,你是否遇到过情绪漩涡?那种负面情绪就像漩涡一样,拖着你越陷越深,如果你不能及时抽身,就会被负面情绪吞噬。

小贴士

情绪漩涡来自内心,而非外在压力。因此,让它停止的唯一办法,就是顺应内心,平静下来。

084

青蛙效应

青蛙效应来自一个人人都知道的典故"温水煮青蛙",意思是把一只青蛙放进冷水里,慢慢加热,青蛙会在毫无察觉的情况下被煮熟。

上述结论后来被科学实验证明是错误的,但是这个故事却作为寓言广泛流传。如今,"温水煮青蛙"经常被用来比喻人们不能或不愿注意逐渐产生的威胁并对此做出反应。青蛙效应指的是人如果在安逸的环境下待久了,就会变得迟钝,无法感知即将来临的危机。

有的人能时刻保持警惕,及时避开危机,不至于让自己陷于温水环境中;有的人对外界始终保持敏感,一旦感知到了危险,就能立刻逃离当下的环境；还有的人，对环境充满莫名的信任，享受当下的状态，无法准确感知到危险的存在，甚至不会避险，便成了因贪图安逸而丧命的青蛙。

🚗 小贴士

当一个人长久地待在舒适圈中，自我满足，感受不到外界的危机，那么在意外来临时，就很容易丧失勇气，手足无措。毁掉一个人的方式除了捧杀，就是温水煮青蛙。

生于忧患，
死于安乐

085

吊桥效应

危险的环境
能促进感情的发展

人站在高高的、危险的吊桥上会感到不安和恐慌，心跳加快，容易对身边的异性产生依恋之情，并将这种由恐慌引起的心跳加快的感觉错认为是心动。这就是吊桥效应，也可以理解为，危险或刺激的环境更容易激发和促进人们的感情升温。

正常情况下，一位男士从你的面前路过，你也许不会注意到他，更不会产生心动的感觉。但如果在你遇到歹徒时，他拯救了你，你是否觉得他的形象高大了起来，觉得他原本普通的面容都开始变得英俊了呢？

我曾经听过这样一个故事，有位从外表到能力都十分出色的女生爱上了自己的同事，可大家都觉得这位男士的魅力一般，甚至有些配不上这位女生。但是细究才发现，原来某位男领导一直对女生心怀不轨，骚扰了她好几次，让她苦不堪言，而几次危急时刻都是这位同事出面帮她解了围，因此女生对他产生了心动的感觉。当然，这里面除了吊桥效应的作用，还有对对方人品的认可。

在一些流传很广的恋爱套路里，也总鼓励男生在第一次约会时带心动女孩走吊桥、看恐怖电影、坐过山车等，就是想利用吊桥效应，加深两人的感情。

> **小贴士**
>
> 有人认为吊桥效应就是感情套路，应该警惕诞生于危机中的心动。但其实我们大可不必纠结一段感情是因为什么开始的，毕竟相处中的细节是骗不了人的。正所谓，路遥知马力，日久见人心。纵使怦然心动可以被设计，但爱与不爱是瞒不过时间的。

086

暗示效应

《三国演义》中有一个著名的关于暗示效应的故事。曹操带兵远征,天气炎热,士兵们又累又渴,士气低下,个个颓然,怎么喝令与驱赶都没有动力前进。此时,曹操大声告诉他们,前边有一片梅林,结了很多梅子。此话一出,士兵们顿时感觉口舌生津,来了精神,争先抢后地向前奔去。

这个故事就叫"望梅止渴",是典型的暗示效应。

随着网络时代的发展,信息差越来越小,想通过暗示影响他人,达到自己的目的,已经越来越难了。但是,自我暗示无论在什么时候

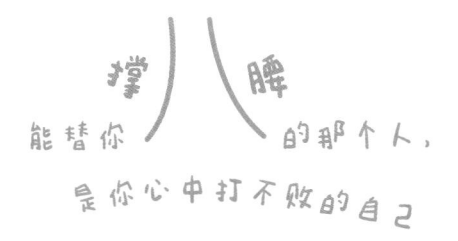

能替你撑腰的那个人,是你心中打不败的自己

都很管用。

我曾因身体原因卧床整整 11 个月,那是一段灰暗得看不到未来的日子,身心俱疲。作为国际催眠师的我,自然知道负面能量对人的侵蚀有多么可怕,于是我给自己制定了一套心理康复训练法。

第一,接受外界的正面暗示。

我将家里布置得十分舒适温馨,这样哪怕卧床也能感受到美好。我还坚持卧床写稿,不停止工作与读书,还给自己报了编剧培训班。在上网的时候,多看美食、花草等积极正面的信息。

第二,对自己进行持续暗示。

那段时间，我每天都在微信朋友圈分享生活中的趣事、学习中的心得、工作中的点滴，让自己尽量保持正常且积极向上的状态。阅读时，我也侧重于读励志、暖心的治愈类书籍，并将部分内容摘录下来。我还会定期写日记，回顾过去，自己是怎么样的一个人，有什么样的习惯应该保持下来；展望未来，相信自己能做什么事，成为一个什么样的人。

小贴士

暗示的能量是巨大的，我们应该学会运用暗示效应帮助自己成长，并学会抵抗来自外界的负面暗示。只有内心真正强大起来，才有底气替自己撑腰。

087

约翰逊效应

心无挂碍，无挂碍故，无有恐怖

据说，有一个名叫约翰逊的运动员，在训练中屡获名次，但是真正比赛的时候却场场失利，令人疑惑不解。后来有心理学者分析，这是由于他得失心过重和自信心不足造成的。这种平时表现良好，到了竞技场上却因为心理素质问题而导致失利的现象，就叫作约翰逊效应。

我们身边常常会出现这样的情况：学校里，有的学生在平时测验中成绩很好，但一到重大考试就掉链子；企业中，有的员工平时头脑清晰，侃侃而谈，但一到商务谈判时就大失水准，像变了一个人一样。

类似的情况还有很多，那么我们该如何克

服约翰逊效应呢?

首先,保持平常心。输赢只是一场比赛或一个阶段的结果,并不能决定整个人生的成败。放平心态,享受过程,才更容易达到目标。

其次,聚焦目标本身。将全部精力放在比赛本身,而不是结果、荣誉和奖励之上,这样可以有效抑制得失心,也能让目标更加清晰。

最后,做好充分准备。成功不是偶然发生的,想要获得成功,你就必须有足够的实力。

《心经》说:"心无挂碍,无挂碍故,无有恐怖。远离颠倒梦想,究竟涅槃。"就是这个意思。

小贴士

在准备充分的情况下,心态才是取胜的关键。日日如常,保持一颗平常心,是迈向成功的最后一步。

088

不值得定律

不值得定律是指如果人们觉得一件事不值得去做，就会抱着不情愿的态度去完成，最终敷衍了事。

这个定律被广泛运用在教育和职场中。比如，学生对一门学科不感兴趣，觉得不值得去学，在态度上便有所懈怠，继而无法在这门学科上取得好成绩。在职场中，如果老板安排的任务并非员工想做的工作，也不是员工感兴趣的方向，员工会认为不值得付出全部努力，从而态度敷衍，潦草收场。

态度会影响行动和结果，这个道理我们从小听到大，已经熟记于心了，但是不值得定律

不要为不值得的人做不值得的事

运用在情感中,便有了另一番解释。

安琪是个独立的女孩,但并不代表她不需要男朋友的呵护。每次加班下大雨的时候,她给男朋友打电话,让他开车去接她,他总是不耐烦地说自己在打游戏,让她打车回去。每次约会结束之后,男朋友也总是开车先走,她自己则默默打车回去。安琪生病的时候,男朋友也从不来探望,只冷漠地让她"多喝热水"。

偶尔和闺蜜说起,闺蜜认为男朋友有问题,可安琪却认为,他只是不太懂得心疼人而已。直到有一天,她看见男朋友冒着大雨开车 30 公里去给生病的女同事送药,她才知道,这个男孩不是不会暖人，只不过暖的不是她。

这便是情感中典型的不值得定律。安琪的男朋友不认为她很重要，也不认为她值得自己付出，因此选择了轻慢敷衍的态度。这听上去很残忍，但事实就是如此。反之，男朋友为什么会去暖别人？因为在他的潜意识里，认为那个人是值得他付出的。所以，答案已经显而易见了。

小贴士

世间情感都逃不过不值得定律，得不到值得的人，不珍惜自认为不值得的人，所以才有了那么多的"意难平"与"放不下"。

089

皮格马利翁效应

良言一句三冬暖，恶语伤人六月寒

皮格马利翁效应又叫比马龙效应、罗森塔尔效应、期待效应。美国著名心理学家罗森塔尔和同事通过实验得出了一个结论：教师的期望越大，学生进步的动力就越大。后来引申为一个人在学习、工作甚至情感中，获得的肯定、鼓励、赞扬越多，就会越自信，前进的动力也就越强。

期望是一种神奇的能量，用得好会有意想不到的效果。

有一个网络热门讨论的话题是："老师对你说过的最让你难忘的话是什么？"讨论者众多，而让人从少年时期到长大成人后仍记忆深刻的话，却呈两极分化：一种是绝望的时候仍没有被老师抛弃，获得了温暖的鼓励；一种是失意的时候，受到了嘲讽、刻薄、批评和打压。

如果把这个题目换成"父母对你说过的最让你难忘的话是什么"，应该也是一样的。有一个女孩曾在微博上说，她努力工作攒钱整容，就是因为小时候妈妈说她长得丑。而又有多少人小时候的梦想，最终毁于父母的嘲笑和打击？

> **小贴士**
>
> 人生于世，不是为了让他人满意，更不是为了得到某个人的认可。他强由他强，清风拂山岗。你若是清风，自会越过重重山岗，去往更广阔的世界。

090
踢猫效应

不欺弱者，亦不被欺

踢猫效应是指人们习惯向比自己级别低或能力弱的人发泄不良情绪，而被发泄的人也会不由自主地寻找比自己弱的人进行发泄传递，形成恶性循环。而最底层的那个人，就是无辜被踢的"猫"。

老板早上起来刮胡子，不小心刮伤了自己的脸，心里不爽。路上开车时又跟人发生了小矛盾，心情变得更恶劣。到公司后，老板将一位中层叫来痛骂一顿出气。莫名受气的中层将怒气发泄在一名普通职员身上。普通职员心情变得糟糕，回家训斥了调皮的孩子。孩子的好心情被破坏，只能欺负比他更弱小的宠物猫，于是一脚踢在了宠物猫的身上。

在这个组织逻辑里，坏情绪有规律地从金字塔最顶端依次传染到最底层，形成一种负面效应。最开始只是一件小事，却在情绪的主导下产生了严重的负面作用，并开始了裂变和传染，从一个范围扩散到了另一个范围。

之所以会产生负面情绪的传染，是因为潜意识里的不对等。位高者在潜意识里认为自己级别高，可以将负面情绪发泄在比自己级别低的人身上。踢猫效应不限于职场中上级对下级，也适用于家庭中大人对孩子，情感中主导者对弱势者，等等。

所以，在负面事件发生后，要注意控制自己的负面情绪，尤其不要将负面情绪发泄到无关者的身上。正视自己与他人的关系，无论级别如何，都要做到平等待人，尊重他人。

小贴士

迁怒是最糟糕的行为，只有无能者才会将负面情绪转嫁给他人。

091

感觉剥夺效应
你要学会补偿自己

美国科学家做过一个实验,将受试者关在完全封闭隔音的暗室里,七天之后,受试者会出现视听错觉、情绪损伤、精神崩溃、幻觉、癔症等,呈现一种明显被剥夺部分感觉的病理状态。

感觉剥夺效应一般出现在特殊行业中,如航空航天、医疗特殊部门、特殊科研等,当然也会有相应的、科学的解决办法和经济补助。除此之外,有一种新的感觉剥夺效应在这几年逐渐兴起,并在无声无息中夺走了我们仅剩不多的感觉:电视、电脑、手机等数码产品的兴起,剥夺了人们大部分的时间和精力。曾有人形容当代社会的人就是一群被手机控制的行尸走肉，听不见亲人的声音，看不见孩子的呼唤，也感受不到爱人的拥抱，邻里之间不认识，朋友之间不来往，一切都依赖于电子设备，沉浸在虚拟的"元宇宙"中——一些正常的感官已被剥夺。

然而，心理上的感觉剥夺比感官上的感觉剥夺更可怕。比如，与社会隔绝的家庭生活和丧偶式的育儿模式，都会让女性心理出现感觉剥夺状态。

如果因为某种原因，你处于类似的感觉剥夺环境中，一定要学会自我调节和补偿。请尽可能地尝试走出去，多参加社群活动，多与外界取得联系来弥补心理上的空落。

小贴士

自我补偿是对抗感觉剥夺效应的一剂良药。要学会自我满足，自我控制，这种自给自足的安全感本身就会让你更加踏实与舒适。

092

黑暗效应
将自己从黑暗中拯救出来

美国和加拿大的知名大学曾联合做过一个实验,将两组被试者分别放在一个明亮的空间和一个黑暗的空间,实验结果表明:在明亮空间的被试者容易产生焦虑、敌对和戒备的心理,而处在黑暗空间的被试者则明显要放松很多。

光线会影响人的情绪,这是公认的事实。心理学家认为,夫妻二人在明亮的环境中更容易吵架,而在昏暗的环境中更容易放下戒心,主动表达自己的情感,沟通的气氛也会更好。同理,在心理咨询和催眠诊疗时,一盏光线柔和的灯必不可少。在这种环境下,患者更容易放下戒备,敞开心扉。

然而当一个人独处的时候就有所不同了。在情绪良好的状态下，那会是一个难得的温柔夜晚，但是对于有抑郁倾向的人而言，那就非常令人担心了。

小的时候，父母在外做生意，我有一段漫长的寄人篱下的经历，特别是在青春期的时候，总觉得与周围环境格格不入。那是一个繁华的小镇，夏日夜晚，街坊邻居都聚在亲戚家门口看大彩电，只有我一个人躲在房间里，关掉所有的灯，孤独地坐在椅子上发呆。思念、疲惫、软弱、惊慌……各种情绪就像潮水一样从四面八方涌过来，慢慢把我淹没。

在即将被黑暗彻底淹没之前，我果断打开电灯，拎起椅子走了出去，让自己置身于人群中，半晌才觉得缓了过来。

小贴士

如果独自一人置身于黑暗中且感受到负面情绪的时候，一定要想办法回到人群中。尽管不是所有的日子都泛着光，但你可以选择有光的方向前行。

093
瓦伦达效应

不要站在危墙之下

瓦伦达是美国著名的高空走钢索表演者，他在一次表演中，不幸失足身亡。事后他的妻子说，他生前仿佛有预感会出事一样，因为他一直念叨，这次演出太重要了，绝对不能出事。但是命运无常，偏偏就是这次出事了。这种心理现象就被称为瓦伦达效应。

瓦伦达效应与墨菲定律相似，越怕什么，越来什么；越是在乎的东西，就越容易失去，而失去它的后果往往让人无法承受。不管是职场中的大项目，还是生命中在乎的人，如果不能保持平常心态，为得失赋予了特殊意义，那么失去的可能性则更大。

小贴士

君子不立于危墙之下，尽量降低出现负面事件的概率，方能避免瓦伦达效应。不要依赖运气，努力到一定程度，幸运才会不期而至。

094

睡眠效应

睡眠效应由耶鲁大学心理学教授卡尔·霍夫兰提出，被广泛应用在传播学理论中。它是指信息传播一段时间后，高可信度的信息会渐渐消失，而低可信度的信息会持续发酵，并极容易被人们信任和记住。

在一起公共事件发生后，经过时间的沉淀，往往真相已没有多少人关注，而谣言依旧可以持续存在很长时间，并更容易被人相信。在同样的平台和环境下，正面积极的信息不一定能被人记住，而负面消极的信息则更容易被人记住。当一件重大的事情发生后，随着时间的流逝，其他一切都会被我们淡忘，只有痛苦愈发深厚。

总之，睡眠效应支持负面情绪更多，想要防止自己陷入这种效应里，就要学会断舍离。暂时断开与信息的连接，让自己无法接触到这些负面的信息，等待时间填平一切。这便是避免受睡眠效应影响的最佳方法。

学会信息断舍离zz

> **小贴士**
>
> 保护自己是最重要的。只管做好自己，外界发生的事与你无关，而治愈自己最好的方式，就是忙碌和早睡。

095

淬火效应

经过淬火锻造的人生无比坚韧

淬火原是金属冶炼的其中一道工序，指金属在锻造过程中达到一定温度后，要放入冷水中冷却淬炼，以便提高性能。淬火效应指的就是"冷处理"，一般在人际关系问题中应用较多。

一些天资聪颖的学生在取得一定成绩后容易膨胀，学习态度也开始变得傲慢。在这种时候，老师通常会采取淬火锻造的方式激励学生，对其搁置一段时间，减少关注。一段时间后，学生渐渐冷静下来，更专注于学习本身，抗压能力也会强大起来。

同样在感情中，两人发生矛盾后，冷处理也不失为一个好办法。只是要注意掌握分寸，回避矛盾风口，等情绪平复后一定要及时沟通、复盘，否则很可能直接从冷静升级为冷战，最终一拍两散。

小贴士

学会冷处理，是成长的必经之路。

096

定势效应
能困住你的，只有你自己

农夫丢了一把斧头，怀疑是邻居的儿子偷的，于是在接下来的几天里，农夫越看邻居的儿子越像小偷，看他连走路都蹑手蹑脚。没过几天，农夫在自己家里找到了斧子，再看邻居的儿子时，竟一点也不像小偷了。这就是定势效应，它是指有准备的心理状态会影响后期事件发展的趋势和结局，也指固定思维会影响人的判断。

一直以来，重症患者的病情是否该告知本人，都是具有争议的话题。有些人认为，患者如果不知道自己的病情，每天照常吃喝对身体康复是有帮助的。反之，如果把实际病情告诉了患者，徒增患者的压力，容易导致病情加重，甚至让患者直接放弃希望，不再配合治疗。患者得知病情后的心理应对，会直接影响患者将来治疗的走向和结果，这就是生活中最常见的定势效应。

> **小贴士**
>
> 我们很难彻底跳出定势效应的局限性，但是我们仍然可以自主选择心理应对方式，保持积极正面的心理状态，问题也会迎刃而解。放心，一切没有你想的那么糟。

097

罗密欧与朱丽叶效应
得不到的永远在骚动

《罗密欧与朱丽叶》是莎士比亚的经典剧目之一，男女主人公来自两个敌对家族，却偏偏相爱，因而受到了家族的反对。但是他们没有因此而分开，反而爱得更深，最终双双殉情。这便是罗密欧与朱丽叶效应的由来。

在生活中，我们也经常能听到类似的故事。一对相爱的青年男女受到父母的反对，于是用尽了各种方法，非要领证结婚。时间久了，孩子也生了，家长做出让步，成全了他们。而此时，这对曾经可以为了爱情对抗全世界的恋人却开始频频吵架，最终走向离婚的结局。

这是社会心理学中的一种对抗心理，越难

获得的东西，在心里的位置越重要。当人们的自由受到限制的时候，就会想去做禁忌的事来获得愉悦。简单来说，就是越不让人们做一件事，人们从心理上就越想去做这件事。反之，如果这件事不再是禁忌，人们的心理防线便松懈了，不会再重视和珍惜这件事。

小贴士

当我们不再疲于对抗外界阻力，才有时间看看真实的彼此。

098

金鱼缸效应

鱼缸多由透明玻璃制成,内部构造简单明了,观赏者能无死角地观察到鱼缸内部的所有情况。日本最佳电器株式会社社长北田光男由此提出金鱼缸效应,提倡用公开透明的方式管理企业,将公司的工作详情、经济情况等向股东和员工公开,并接受意见和建议。积极主动地向外界展示企业的内部情况,无疑是良性政策,透明度越高,员工和客户的信任度越高。

金鱼缸效应在生活中也同样适用。安迪最近觉得压力很大,但是自尊心又不允许他将这些苦恼诉之于人。于是,他选择用另一种方式释放压力,每天下班后先不回家,把车停到小

坦诚不会伤人，
隐瞒才会

区旁的河边，然后坐在车里听一会儿音乐。好巧不巧，这天他在车里独坐时，妻子打来电话，他谎称自己在加班。没想到，妻子散步路过，恰好看见了他，这下安迪有嘴也说不清了。

一件很简单的小事，因为隐瞒而变得复杂。

小贴士

一个谎言需要无数个谎言去掩盖。隐瞒会让简单的问题复杂化，最终变得无法收场。

099

海格力斯效应

远离情绪黑洞

海格力斯是希腊神话中的大力神，一次他走在路上，看到一个袋子，便踢了一脚。没想到这个袋子迅速膨胀起来，差点没把他挤飞。气得他拿起棍子狠狠击打这个袋子，结果这个袋子一直不停地膨胀，堵住了他的去路，仿佛在向他宣战。这时一个智者走过来，说："你应该绕过它，去走自己的路。这是仇恨袋，你越回击，它越膨胀。"这就是著名的海格力斯效应。

朋友刚开始创业，有个员工在被批评后，将公司的内部资料断章取义地发到了网上。不明真相的网友，在这位员工的煽动下，疯狂地在网上辱骂朋友的公司。朋友非常气愤地与网友争辩，不承想却引发了更大的舆论风波。

气极的朋友决定不计后果地追究这个员工的责任，要让他付出应有的代价。可当时公司恰好接到了一个十分重要的项目，甲方对社会形象和品牌形象要求很高。显然，这不是让事情发酵的好时机。法务告诉他，此时最好放弃追究责任，让这件事慢慢平息。最终，为了难得的合作机会，朋友选择咽下这口气。

那是一段煎熬的过程，但是他不后悔自己的选择。在时间异常宝贵的阶段，他选择去做正确的事，而那名员工因为糊涂的行为，无法继续从事这一行业，一直到现在都生活得相当糟糕。

为了一件小事，员工停下了前进的脚步，将所有时间和精力都用来将朋友拉下泥潭。但是朋友选择了另一条路，早就越飞越高了。

小贴士

消极仇恨就像黑洞，随时可能吞噬我们。坚持向前不回头，永远是最好的选择。

100

空船效应

空船效应出自《庄子》中方舟济河的典故,说的是一个人在乘船渡河的时候,看到前面有一只船马上要撞过来,这个人赶紧大喊几声,却无人应答,于是怒上心头,大骂前面开船的人不长眼。很快两只船相撞,此人这才发现撞上来的是一只空船,满肚子的怒火一下子消失得无影无踪。

空船效应告诉我们,很多时候生气与不生气,取决于撞来的船上有没有人。大多时候,我们是因为对方竟然这样或竟然有这样的人而感到生气,并不是因为那个人对我们造成的伤害而生气。可这个世界上本就有各种各样的人,

和光同尘，与时舒卷

如果每碰到一个奇葩，都要生一顿气，那就是自己跟自己过不去了。

换个角度看，一个人看不惯的人和事越多，就说明这个人的格局越小。其实很多时候，我们只是被一只空船撞伤了，而非有人恶意开船撞向我们。比如，在人挤人的地铁上，被他人不小心踩了一脚，与其破口大骂，倒不如一笑了之更显风度。

小贴士

和光同尘，与时舒卷。生活中，对他人要学会宽容，对世间之事要有容纳之度，没必要凡事都争高下。在这路遥马急的人间，你我平安喜乐就好。

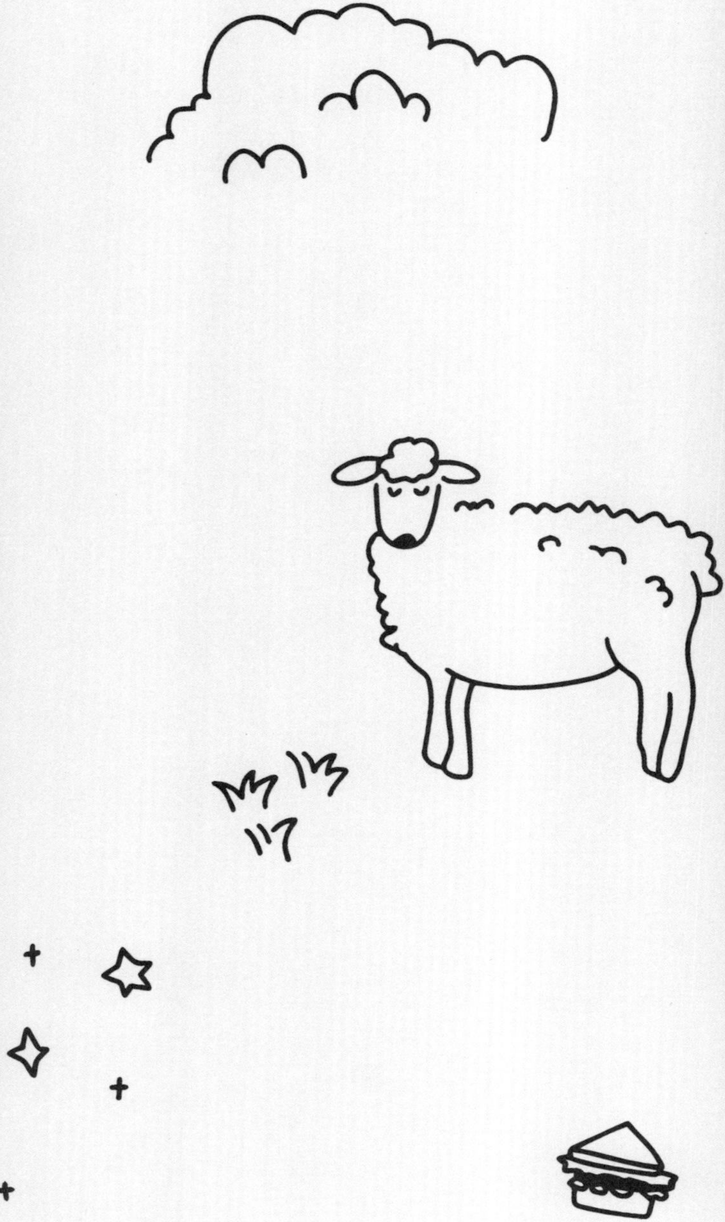

Psychology Pocket

上架建议：心灵·励志
ISBN 978-7-201-20300-3

定价：59.90 元

口袋里的心理学

李梦瑶 编著

天津出版传媒集团

天津人民出版社

口袋里的心理学

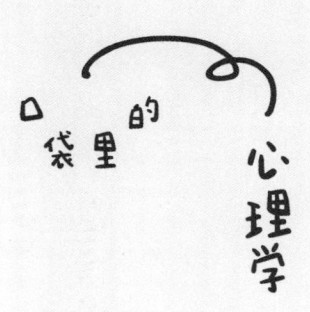